Die Bibliothek der Technik
Band 227

# Messen mit Kristallen

## Grundlagen und Anwendungen der piezoelektrischen Messtechnik

Bernhard Bill

verlag moderne industrie

Dieses Buch wurde mit fachlicher Unterstützung
der Kistler Instrumente AG erarbeitet.

Die Deutsche Bibliothek – CIP-Einheitsaufnahme

**Bill, Bernhard:**
Messen mit Kristallen : Grundlagen und Anwendungen der piezoelektrischen Messtechnik / Bernhard Bill. [Kistler]. – Landsberg/Lech : Verl. Moderne Industrie, 2002
(Die Bibliothek der Technik ; Bd. 227)
ISBN 3-478-93269-6


http://www.mi-verlag.de
Abbildungen: Nr. 9, 28 und 29: Tichý, J.; Gautschi, G.: »Piezoelektrische Messtechnik«, Springer Verlag, Heidelberg, 1980; Nr. 25 Budenberg Gauge Co. Ltd., Altrincham, England; Nr. 31 Brüel & Kjær GmbH, Langen; alle übrigen Kistler Instrumente AG, Winterthur (Schweiz)
Satz: abc.Mediaservice GmbH, Buchloe
Druck: Himmer, Augsburg
Bindung: Thomas, Augsburg
Printed in Germany 930269
ISBN 3-478-93269-6

# Inhalt

**Einleitung** 4

**Grundlagen** 6

Die piezoelektrischen Effekte in Kristallen (6) – Materialien für Sensorelemente (10) – Aufbereitung der Messgröße (13) – Isolationsmaterialien (13)

**Sensoren für Kräfte und Momente** 15

Sensoren zur Messung einer Kraftkomponente (15) – Sensoren zur Messung mehrerer Kraftkomponenten (19) – Sensoren zur Messung von Momenten (22) Einfluss der Beschleunigung (23) – Anwendungsbeispiele (24) – Kalibrierung von Kraft- und Drehmomentsensoren (27)

**Drucksensoren** 29

Prinzipieller Aufbau von Drucksensoren (29) – Drucksensoren für allgemeine Anwendungen (30) – Niederdrucksensoren (31) – Hochdrucksensoren (32) – Drucksensoren mit Beschleunigungskompensation (33) – Drucksensoren für Messungen bei hohen Temperaturen (34) – Drucksensoren zur Messung des Werkzeuginnendrucks (36) – Kalibrierung von Drucksensoren (38)

**Beschleunigungssensoren** 42

Prinzipieller Aufbau von Beschleunigungssensoren (42) – Bauformen piezoelektrischer Beschleunigungssensoren (43) – Beschleunigungssensoren für allgemeine Anwendungen (46) – Hoch empfindliche Beschleunigungssensoren (49) – Beschleunigungssensoren für Schockmessungen (50) – Beschleunigungssensoren für Messungen bei hohen Temperaturen (52) – Sensoren zur Messung von Dreh- und Winkelbeschleunigungen (53) – Kalibrierung von Beschleunigungssensoren (53)

**Verstärker für piezoelektrische Sensoren** 56

Ladungsverstärker (56) – Impedanzwandler (60) – Grenzen von Messdauer und Messfrequenzen bei quasistatischen Messungen (64)

**Fachbegriffe** 68

**Literaturverzeichnis** 70

**Der Partner dieses Buches** 71

# Einleitung

Piezoelektrische Messgeräte fanden ihre erste Verwendung bei der Entwicklung von Verbrennungsmotoren – sie wurden zur Druckmessung im Verbrennungsraum eingesetzt. Heute nutzt man piezoelektrische Sensoren in sehr vielen Bereichen der Forschung und Produktion sowie als OEM-(Original-Equipment-Manufacturer-)Komponenten. Sie dienen vor allem dazu, Kräfte, Drücke, Beschleunigungen, Dehnungen und Drehmomente zu messen.

**Eigenschaften piezoelektrischer Sensoren**

Piezoelektrische Sensoren besitzen eine hohe mechanische Steifigkeit und sind daher in der Lage, dynamische Änderungen einer mechanischen Größe bis in die höchsten Frequenzbereiche zu erfassen. Es gibt z. B. Drucksensoren, deren Eigenfrequenz weit über 100 kHz liegt. Piezoelektrische Sensoren lassen sich andererseits aber auch erfolgreich für quasistatische Messungen bis in den Bereich von einigen mHz verwenden.

Der Betriebstemperaturbereich piezoelektrischer Sensoren liegt – je nach Ausführung und verwendetem Material – zwischen etwa 10 und 1480 K. Der nutzbare Messbereich erstreckt sich über mehrere Größenordnungen und das Verhältnis von Spanne zu Ansprechschwelle kann einen Wert bis zu $10^8$ erreichen. So ist es beispielsweise möglich, mit einem Kraftmesselement, dessen Messbereich über 200 kN umfasst, auch Kräfte von wenigen Newton zu messen (Abb. 1).

**Messbereiche**

Um die genannten mechanischen Größen mit maximaler Genauigkeit bestimmen zu können, gibt es die entsprechenden Sensoren mit verschiedenen Messbereichen. Bei Kraftsensoren erstrecken sie sich von 50 N bis über mehrere 100 kN. Der Messbereich von Drucksensoren kann von einigen wenigen bar bis zu $10^4$ bar

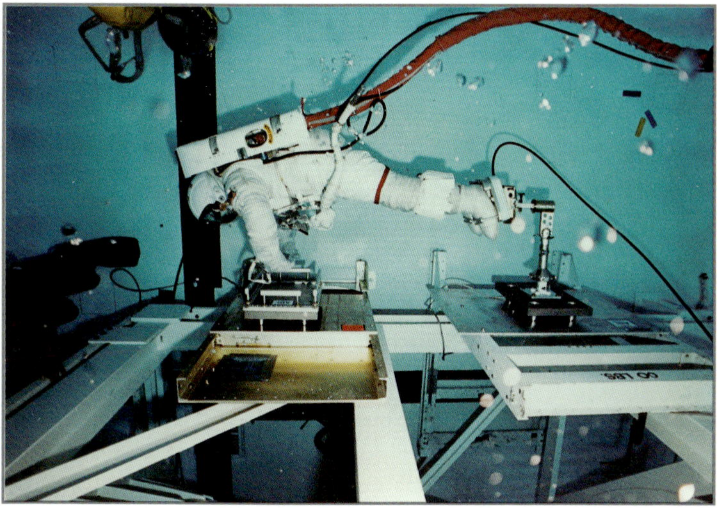

umfassen, Beschleunigungssensoren weisen Vollbereiche von 5 bis $10^5 g_n$ auf.

Piezoelektrischen Sensoren wird eine Elektronik nachgeschaltet, die der Aufbereitung des erzeugten Signals dient. Ist diese Elektronik bereits in das Sensorgehäuse integriert, spricht man von Sensoren mit Spannungsausgang. Erfolgt die Signalaufbereitung durch ein externes Gerät, handelt es sich um Sensoren mit Ladungsausgang.

Die integrierte Elektronik beeinflusst das Frequenzverhalten von Sensoren mit Spannungsausgang – sie alle weisen die Charakteristik eines Hochpassfilters auf, dessen untere nutzbare Grenzfrequenz über weite Bereiche variieren kann. Bei Beschleunigungssensoren liegt sie z. B. im Bereich von 1 Hz, während sie bei Druck- und Kraftsensoren in der Regel wesentlich niedriger liegt. Diese Vielseitigkeit eröffnet den Sensoren zahlreiche Anwendungsmöglichkeiten, z. B. in der Raumfahrt (Abb. 1), der Ballistik, der Biomechanik und der Fahrzeugtechnik.

*Abb. 1: Astronauten trainieren auf der Erde in wassergefüllten Mikrogravitationstanks. Die auftretenden Kräfte werden mit Mehrkomponenten-Dynamometern gemessen.*

# Grundlagen

## Die piezoelektrischen Effekte in Kristallen

**Ladungserzeugung …**

Piezoelektrische Materialien erzeugen bei mechanischer Belastung (griechisch »piezin«: drücken) auf ihren Prismenflächen positive und negative elektrische Ladungen. Die Brüder Pierre und Jacques Curie (Abb. 2) erbrachten 1880 den experimentellen Nachweis für den Zusammenhang zwischen mechanischer Belastung und erzeugter elektrischer Ladung – den so genannten direkten piezoelektrischen Effekt. Diesen Effekt konnten sie zunächst an Turmalin, dann auch an Quarz ($SiO_2$) und Seignettesalz (NaK-Tartrat) nachweisen.
Unter Piezoelektrizität versteht man eine lineare elektromechanische Wechselwirkung zwischen dem mechanischen und dem elektrischen Zustand von Kristallen, die kein Symmetriezentrum besitzen. Diese Kristalle können eine oder mehrere polare Achsen aufweisen, entlang welcher der piezoelektrische Effekt auftritt.

*Abb. 2: Die Entdecker des piezoelektrischen Effekts, Pierre und Jacques Curie*

**... durch mechanische Belastung**

Der Piezoeffekt hat folgende Ursache: Durch die Deformation des Kristallgitters, die eine von außen einwirkende Kraft verursacht, werden die positiven und negativen Gitterbausteine gegeneinander verschoben. Dadurch entsteht ein elektrisches Dipolmoment. Abhängig von der Lage der polaren Kristallachsen zur einwirkenden Kraft kann man verschiedene Piezoeffekte unterscheiden:

**Longitudinaleffekt**

Beim *Longitudinaleffekt* entsteht die Ladung wie in Abbildung 3a gezeigt auf den Angriffsflächen der Kraft und kann dort abgenommen werden. Die Größe der entstehenden Ladung hängt beim longitudinalen piezoelektrischen Effekt nicht von den geometrischen Abmessungen der Kristallscheiben ab, sondern nur von der aufgebrachten Kraft $F_x$. Die einzige Möglichkeit die Ladungsausbeute zu erhöhen

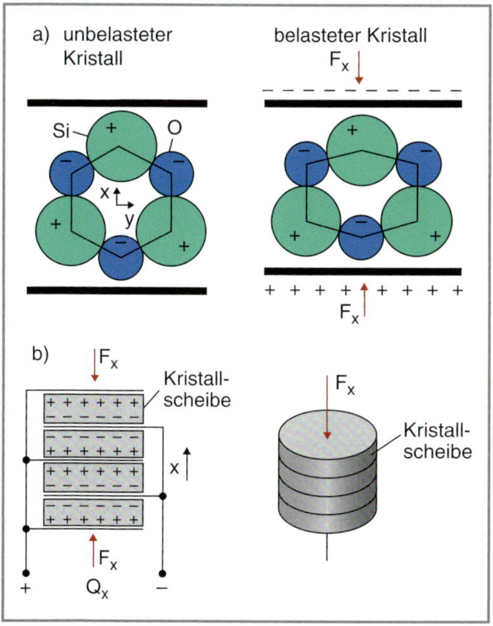


*Abb. 3:*
*a) Prinzip des longitudinalen piezoelektrischen Effekts*
*b) Möglichkeit zur Erhöhung der Ladungsausbeute*

besteht darin, mehrere Scheiben mechanisch in Reihe und elektrisch parallel zu schalten. Die Größe der erzeugten Ladung einer Anordnung nach Abbildung 3b beträgt:

$$Q_x = d_{11} \cdot F_x \cdot n$$

mit $d_{11}$: piezoelektrischer Koeffizient (im Fall eines Quarzkristalls besitzt er den Wert –2,30 pC/N; 1 pC = $10^{-12}$ C)
$F_x$: Kraft in $x$-Richtung
$n$: Anzahl der Kristallscheiben

Der piezoelektrische Koeffizient ist richtungsabhängig und somit abhängig vom Kristallschnitt. Er gibt die Kraftempfindlichkeit des Kristalls in Richtung der entsprechenden Achse an. Piezoelemente, die so geschnitten sind, dass sie den Longitudinaleffekt zeigen, sind also empfindlich auf Druckkräfte; sie eignen sich vor allem für einfache und robuste Sensoren zur Messung von Kräften, Drücken, Dehnungen und Beschleunigungen.

**Schub- oder Schereffekt**

Beim *Schub-* oder *Schereffekt* ist die piezoelektrische Empfindlichkeit wie beim Longitudinaleffekt von der Form und Größe des Piezoelements und von der Ladungsverteilung unabhängig. Auch hier erscheint die elektrische Ladung auf den Flächen des Piezoelements, die belastet werden (Abb. 4). Die Ladung, die im Fall einer Belastung in $x$-Richtung an $n$ mechanisch in Reihe und elektrisch parallel geschalteten Elementen auftritt, beträgt:

$$Q_x = 2 \cdot d_{11} \cdot F_x \cdot n$$

Schubempfindliche Piezoelemente werden vor allem in Beschleunigungssensoren eingesetzt. Generell eignen sie sich zum Bau von Sensoren, von denen sowohl eine geringe Basisdehnungsempfindlichkeit als auch ein ausgezeichnetes Verhalten während rascher Temperaturänderungen gefordert wird, weil

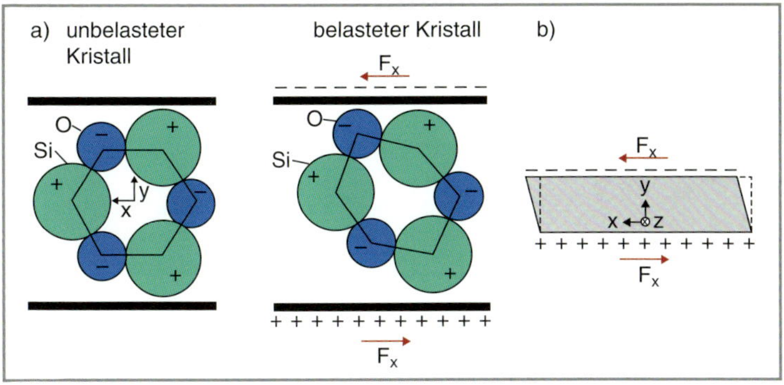


*Abb. 4:*
*a) Prinzip des Schubeffekts*
*b) Angriffsart der Kraft*

diese Einflüsse konstruktiv bedingt normal zur empfindlichen Schubachse wirken. (Dabei versteht man unter der Basisdehnungsempfindlichkeit das Maß, in dem Dehnungen eines Messobjekts über die Grundplatte auf das Sensorelement übertragen werden.)

**Transversaleffekt**

Beim *Transversaleffekt* entsteht durch Einwirkung einer Kraft $F_y$ in Richtung einer der neutralen Kristallachsen $y$ eine elektrische Ladung auf den Flächen der dazu polaren Achse $x$ (Abb. 5). Im Gegensatz zum longitudinalen piezoelektrischen Effekt ist die Größe dieser auf den unbelasteten Flächen erscheinenden Ladung von den geometrischen Abmessungen des Piezoelements abhängig. Bei einem Element mit den in Abbildung 5 dargestellten Abmessungen $a$, $b$ und $c$ beträgt sie:

$$Q_y = -d_{11} \cdot F_y \cdot \frac{b}{a}$$

Es ist also möglich, bei Ausnutzung des Transversaleffekts durch eine geeignete Formgebung und Anordnung der Piezoelemente eine größere Ladungsausbeute zu erreichen. Elemente, die den Transversaleffekt aufweisen, werden vor allem in Drucksensoren eingesetzt. Die elektrische Ladung ist eine experimentell eher schwer zugängliche Größe. Daher er-

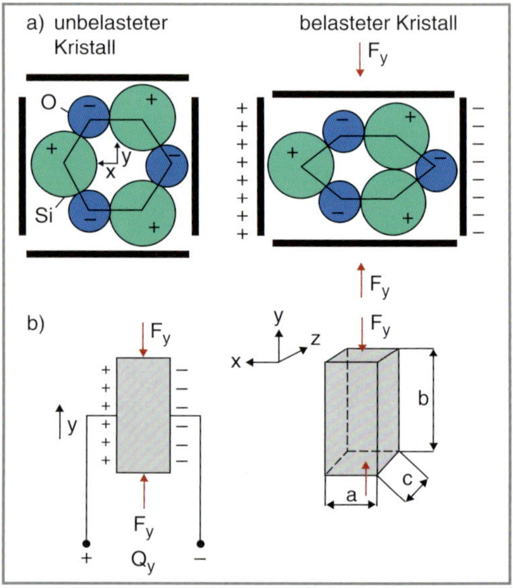


*Abb. 5:*
*a) Prinzip des transversalen piezoelektrischen Effekts*
*b) Praktische Nutzung des Effekts*

**Verstärkte Anwendung ab 1950**

langte auch das Phänomen der Piezoelektrizität erst Mitte des 20. Jahrhunderts praktische Bedeutung, als es mithilfe von Elektrometerverstärkern gelang, die vom piezoelektrischen Material erzeugte Ladung in eine dazu proportionale elektrische Spannung umzuwandeln. Einen großen Durchbruch brachte im Jahr 1950 schließlich der Ladungsverstärker. Er bietet gegenüber dem Elektrometerverstärker große Vorteile, da er unter messtechnischen Aspekten einen deutlich geringeren Aufwand erfordert. Der wesentliche Unterschied zum Elektrometerverstärker besteht darin, dass die Kabelkapazität keinen Einfluss mehr auf das Ausgangssignal hat.

## Materialien für Sensorelemente

Piezoelektrische Materialien für Sensorelemente müssen höchsten Anforderungen ge-

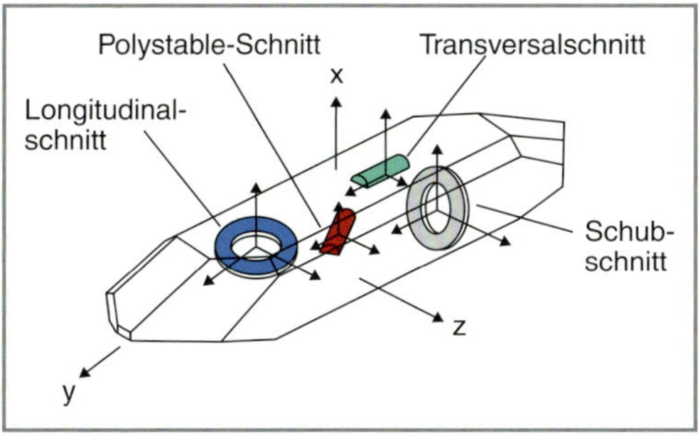


*Abb. 6:*
*Mögliche Schnitte im Quarz*

**Anforderungen an das Sensormaterial**

nügen. Dazu gehören vor allem eine hohe mechanische Festigkeit und Steifigkeit, außerdem dürfen hohe Lastwechselzahlen keinen Einfluss haben. Die mechanischen und elektrischen Eigenschaften müssen sowohl über einen weiten Temperaturbereich als auch über lange Einsatzzeiten stabil sein. Hohe Empfindlichkeit, gute Linearität, Hysteresefreiheit (d. h., dass die auf- und die absteigende Kalibrierkurve identisch sind) und ein hoher elektrischer Isolationswiderstand (Widerstand, der zwischen isolierten Teilen eines Sensors gemessen wird, an denen eine spezifizierte Gleichspannung anliegt) sind von Vorteil.

**Geeignete Materialien: Quarz, …**

Quarz ist ein ideales Material – es kann problemlos synthetisch hergestellt werden und besitzt noch andere günstige Eigenschaften, es ist beispielsweise bis zu Temperaturen von 400 °C einsetzbar. Aus Quarz können sowohl druck- als auch schubempfindliche Elemente geschnitten werden. Das ermöglicht z. B. den Bau von Drei-Komponenten-Kraftsensoren. Abbildung 6 stellt am Beispiel eines Quarzkristalls die Lage der Elemente dar, welche die verschiedenen Piezoeffekte aufweisen. Abbildung 7 zeigt die entsprechend geschnittenen Sensorelemente.

**… Turmalin …**

Für höhere Temperaturen bis zu 600 °C eignet sich Turmalin, der sich allerdings nicht syn-

*Abb. 7: Quarzbarren und daraus geschnittene Quarzringe unterschiedlicher Größe*

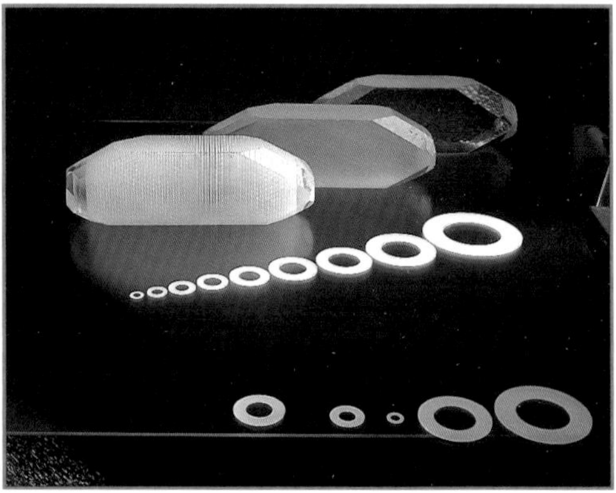

thetisch herstellen lässt, sodass man auf natürliche Kristalle angewiesen ist. Zudem zeigt Turmalin im Gegensatz zu Quarz einen starken pyroelektrischen Effekt, d.h., dass sich zwei gegenüberliegende Oberflächen des Kristalls bei einer Temperaturänderung entgegengesetzt elektrisch aufladen. Die Einsatzmöglichkeiten des Materials werden durch diese Eigenschaft eingeschränkt.

**… und ferroelektrische Keramiken**

Einer großen Zahl ferroelektrischer Keramiken, vor allem Bleizirkonattitanat-Mischkeramiken, lassen sich durch Polarisieren piezoelektrische Eigenschaften verleihen. Dabei können weit höhere Empfindlichkeiten erreicht werden, als sie Quarz oder Turmalin besitzen. Aus diesen keramischen Materialien lassen sich verschiedenste Formen herstellen, z.B. Ringe, Röhren, Hohlkegel etc. Sie haben allerdings den Nachteil, nicht so stabil wie Quarz und Turmalin zu sein, und weisen zudem immer eine Hysterese und den pyroelektrischen Effekt auf. Aufgrund ihres relativ geringen Isolationswiderstands liegt die untere nutzbare Grenzfrequenz bei etwa 1 Hz, weshalb sie fast ausschließlich in Vibrationssensoren mit Spannungsausgang verwendet werden.

## Aufbereitung der Messgröße

Wie zuvor erläutert, erzeugen piezoelektrische Materialien nur bei einer mechanischen Deformation Ladung. Das heißt, dass jeder piezoelektrische Sensor so konstruiert sein muss, dass die zu messende physikalische Größe eine Kraft erzeugt, die das piezoelektrische Messelement deformiert.
Bei *Kraftsensoren* deformiert die am Sensor wirkende Kraft das piezoelektrische Messelement direkt und erzeugt eine elektrische Ladung, die der wirkenden Kraft proportional ist. Bei *Drucksensoren* wirkt der zu messende Druck auf eine Membran, deformiert diese und wird so in eine von der aktiven Membranfläche abhängige Kraft umgewandelt:

**Umwandlung von Drücken …**

$$F = p \cdot A$$

mit $p$: zu messender Druck
$A$: Fläche der Membran

Diese Kraft wirkt wiederum auf das piezoelektrische Messelement und erzeugt eine dem Druck proportionale elektrische Ladung.
Bei *Beschleunigungssensoren* wirkt nach dem zweiten Newtonschen Gesetz die Kraft

$$F = m \cdot a$$

mit $m$: seismische Masse
$a$: wirkende Beschleunigung

auf das piezoelektrische Messelement und erzeugt somit eine der wirkenden Beschleunigung proportionale elektrische Ladung.

**… und Beschleunigungen in Kräfte**

## Isolationsmaterialien

Eine wichtige Komponente piezoelektrischer Sensoren sind die Isolationsmaterialien, die das Piezoelement gegen das Sensorgehäuse elektrisch isolieren. Sie müssen extremen Anforderungen genügen:

**Anforderungen an Isolationsmaterialien**

- Der Isolationswiderstand der Materialien sollte bei Schichtdicken unter 1 mm und Flächen im Bereich von $mm^2$ bis $cm^2$ über einem Wert von 10 TΩ (1 TΩ = $10^{12}$ Ω) liegen.
- Er darf mit steigender Temperatur und Feuchtigkeit nur geringfügig abfallen.
- Die Materialien müssen über eine ausreichend große mechanische Druckfestigkeit (≥ 200 $N/mm^2$) verfügen.

**Elektrische und mechanische Eigenschaften**

In der Praxis haben sich vor allem PTFE (Polytetrafluorethylen bzw. Teflon) und Kapton® (ein Polyimid) durchgesetzt. Beide Materialien besitzen einen sehr hohen spezifischen Widerstand, der bis zu 1 PΩm (1 PΩm = $10^{15}$ Ωm) betragen kann. Kapton® weist zudem eine große mechanische Festigkeit auf und wird deshalb vor allem als Isolationsschicht zwischen Elektroden und Gehäuse, also im Kraftfluss des Sensors, verwendet. PTFE eignet sich nicht für den Einbau in den Kraftfluss – einerseits beginnt das Material unter steigender Flächenbelastung zu fließen, andererseits nimmt sein Reibungskoeffizient mit zunehmender Belastung ab. Diese Eigenschaft ist in Sensoren unerwünscht, weil sich die Teile unter Schubbelastung gegeneinander verschieben könnten.

**Temperaturverhalten**

Bei allen Isolationsmaterialien nimmt der Isolationswiderstand mit steigender Temperatur ab. Zudem verschlechtern sich ihre mechanischen Eigenschaften, sie werden z. B. weich oder beginnen zu zerbröckeln. Der Anwendungsbereich von PTFE reicht bis zu Temperaturen von etwa 250 °C, während Kapton® bis etwa 400 °C verwendbar ist. Für höhere Temperaturen kommen nur keramische Isolationsmaterialien in Frage, welche bis über 600 °C eingesetzt werden können. Allerdings fällt auch deren Isolationswiderstand mit steigender Temperatur ab.

# Sensoren für Kräfte und Momente

## Sensoren zur Messung einer Kraftkomponente

In der Kraftmessung findet der Piezoeffekt unmittelbare Anwendung. Dabei besteht die Möglichkeit, sowohl eine als auch mehrere Kraftkomponenten zu messen.

**Messunterlegscheiben: Aufbau …**

Eine für die praktische Anwendung sehr geeignete Sensorform ist die so genannte Messunterlegscheibe (Abb. 8). Die ringförmige Grundplatte besitzt eine dünne zylindrische Wand. Das eigentliche Sensorelement besteht in diesem Fall aus zwei Quarzscheiben. Diese werden über die ringförmige Deckplatte vor-

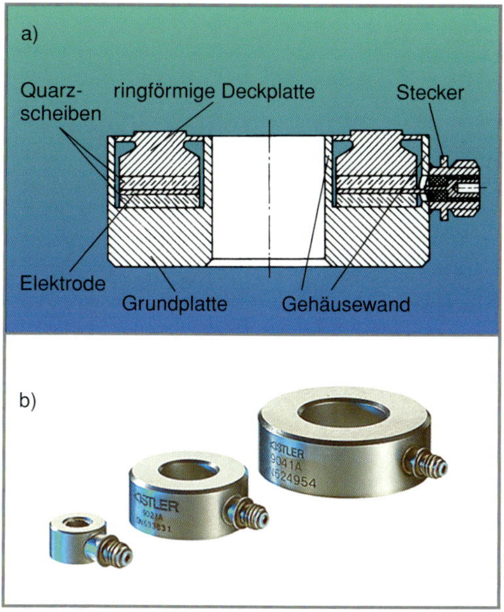


*Abb. 8:*
*a) Schnitt durch eine Messunterlegscheibe*
*b) Messunterlegscheiben in verschiedenen Größen für unterschiedliche Messbereiche*

gespannt, die wiederum unter Vorspannung mit der Gehäusewand verschweißt wird. Die zwischen den Quarzscheiben liegende Elektrode nimmt das Ausgangssignal auf und leitet es auf den Stecker.

**… und Einbau in den Sensor**

Der Einbau solcher Sensoren stellt besondere Anforderungen, da eine lokale Überbelastung, durch die das Sensorelement beschädigt werden könnte, zu vermeiden ist. Soll z. B. die Spannkraft einer Schraube gemessen werden, liegt es nahe, einfach eine Messunterlegscheibe unter dem Schraubenkopf anzubringen.

Während man einen Schraubenkopf im Maschinenbau als starres Element betrachten kann, ist im Fall der Spannkraftmessung zu berücksichtigen, dass sich der Schraubenkopf unter Belastung in gewissem Maße deformiert (Abb. 9a). Dies führt dazu, dass die Spannungen nicht homogen über die Quarzscheibe verteilt sind, sondern am Innenrand eine hohe Spannungsspitze auftritt. Solange dieser Wert unterhalb der maximal zulässigen Spannung (üblicherweise $\sigma_{max} \approx 150\ N/mm^2$) für die Quarzscheibe liegt,

*Abb. 9: Schraubenkraftmessung*
*a) Unter Belastung deformierter Schraubenkopf*
*b) Symmetrische und homogene Krafteinleitung*

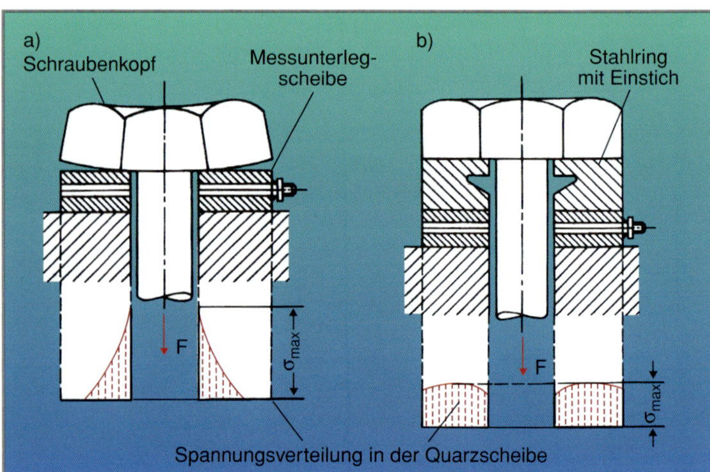

wird die Spannkraft trotz der ungleichmäßigen Verteilung richtig gemessen. Übersteigt die Spannungsspitze diesen Wert stark, kann es zu einer Änderung der Kristallstruktur im Quarz, der so genannten Zwillingsbildung, oder letztendlich zum Bruch der Quarzscheibe kommen. Die Zwillingsbildung ist immer mit einer schlagartigen Verminderung der Empfindlichkeit verbunden, sie tritt sowohl unter Einwirkung zu hoher Kräfte als auch zu hoher Temperaturen auf. Um diese Effekte auszuschließen, müssen beim Einbau die auftretenden Deformationen berücksichtigt bzw. durch geeignete konstruktive Maßnahmen kompensiert werden.

**Gefahr lokaler Überbelastung**

Im Beispiel der Spannkraftmessung lässt sich das Problem folgendermaßen lösen: Zwischen den Schraubenkopf und den Sensor wird ein Stahlring gelegt, der mit einem Einstich versehen ist (Abb. 9b). Die hohe Belastung am Innenrand der Bohrung unter dem Schraubenkopf wird dann nicht mehr direkt auf das Quarzelement übertragen, sondern durch den Einstich im Ring und das zusätzliche Material symmetrisiert und weitgehend homogenisiert. Zwar verbleibt auch hier eine Spannungsspitze, diese wurde allerdings deutlich reduziert und vom Rand der Quarzscheibe weg in einen weniger kritischen Bereich verschoben.

**Reduzierung von Spannungsspitzen**

Messunterlegscheiben werden meist zwischen zwei geschliffenen Stahlplatten eingebaut und mit einem zentralen Vorspannbolzen je nach Bedarf vorgespannt. Sollen nur Druckkräfte gemessen werden, hält man die Vorspannung klein, d. h. gerade so groß, dass die mechanische Festigkeit der Anordnung gewährleistet ist. Soll es auch möglich sein Zugkräfte zu messen, wird eine höhere Vorspannung gewählt. Messunterlegscheiben werden für die Messbereiche von wenigen kN bis über 1 MN gebaut (1 MN = $10^6$ N). Abbildung 8 zeigt einen Ausschnitt aus dieser Reihe. Die mechani-

**Einbau unter Vorspannung**

schen Steifigkeiten der kleinen Ausführungen liegen im Bereich von 1 kN/µm, die der großen bei etwa 100 kN/µm (1 µm = $10^{-6}$ m).

**Kraftmesselemente**

Messunterlegscheiben, die bereits durch ihre Anordnung zwischen zwei Stahlmuttern vorgespannt werden, ergeben so genannte Kraftmesselemente (englisch »force link«), mit denen sowohl Druck- als auch Zugkräfte gemessen werden können. Weil diese Sensoren nach dem Vorspannen kalibriert werden, gilt die ermittelte Empfindlichkeit auch nach dem Einbau in eine Messanordnung. Kraftmesselemente werden für Bereiche von einigen kN bis über mehrere 100 kN gebaut (Abb. 10).

Messunterlegscheiben und Kraftmesselemente besitzen dank ihrer großen mechanischen Steifigkeit eine hohe Eigenfrequenz und somit einen weiten nutzbaren Messfrequenzbereich. Abhängig von der Masse und den elastischen Eigenschaften des Messaufbaus sind Eigenfrequenzen von mehreren kHz bis weit über 10 kHz hinaus erreichbar.

**Aufbau des Sensorelements**

Bei den beschriebenen Kraftsensoren besteht das Sensorelement aus zwei für den Longitudinaleffekt geschnittenen Quarzscheiben, die mechanisch in Reihe und elektrisch parallel

*Abb. 10: Kraftmesselemente in verschiedenen Größen für unterschiedliche Messbereiche*

**Empfindlichkeit von Kraftsensoren**

geschaltet sind. Die nominelle Kraftempfindlichkeit beträgt daher pro Element theoretisch –2,30 pC/N. Da die Gehäusewände jedoch einen Kraftnebenschluss bilden und zwischen der Quarzscheibe und den krafteinleitenden Flächen Wechselwirkungen auftreten, reduziert sich die typische Empfindlichkeit einer eingebauten Quarzscheibe auf einen Wert von etwa –2 pC/N. Aus der elektrischen Parallelschaltung resultiert schließlich eine für den Sensor typische Empfindlichkeit von –4 pC/N. Moderne Ladungsverstärker weisen ein Eigenrauschen auf, das in der Größenordnung von 10 fC liegt (1 fC = $10^{-15}$ C). Bezogen auf die oben genannte Sensorempfindlichkeit entspricht dies einer Kraft von 10 fC/(4 pC/N) = 2,5 mN. In der Praxis nimmt man als eindeutig erkennbares kleinstes Signal etwa den dreifachen Wert des Rauschens an, sodass diese Kraftsensoren generell eine Ansprechschwelle von etwa 10 mN besitzen. Eine niedrigere Ansprechschwelle erreicht man durch die Erhöhung der Sensorempfindlichkeit. Dazu stehen drei Möglichkeiten offen:

- die Erhöhung der Anzahl von Quarzscheiben, die den Longitudinaleffekt aufweisen;
- die Verwendung von Quarzelementen, die den Transversaleffekt zeigen, da bei diesen die Empfindlichkeit durch die Formgebung erhöht werden kann;
- die Verwendung von Materialien, die über stärker ausgeprägte piezoelektrische Eigenschaften verfügen als Quarz.

## Sensoren zur Messung mehrerer Kraftkomponenten

**Aufbau**

Mehrkomponenten-Kraftsensoren werden vorwiegend mit Sensorelementen aus Quarz gebaut. Ihr Aufbau entspricht dem der Einkom-

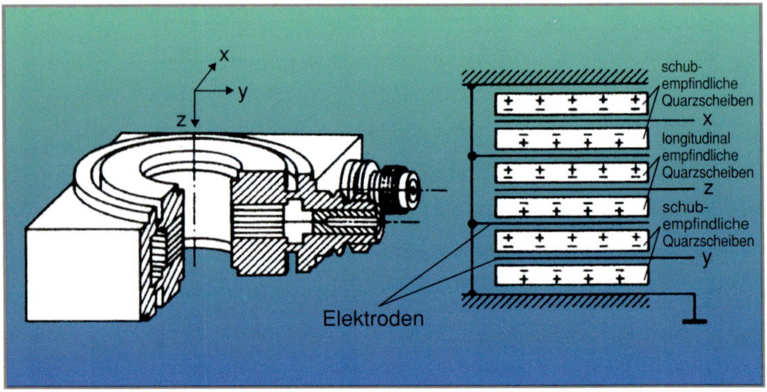


*Abb. 11: Aufbau eines Dreikomponenten-Kraftsensors*

ponenten-Kraftsensoren, allerdings werden entsprechend der Anzahl zu messender Komponenten mehr Quarzscheiben eingebaut.
Dreikomponenten-Kraftsensoren enthalten zur Messung der Normalkomponente ein Quarzscheibenpaar, das den longitudinalen Piezoeffekt aufweist, und je ein schubempfindliches Quarzscheibenpaar für die beiden Schubkomponenten (Abb. 11). Da die Schubkräfte durch Reibung, also kraftschlüssig übertragen werden, ist es notwendig, diese Sensoren immer unter ausreichender mechanischer Vorspannung einzubauen. Abbildung 12 zeigt einen Dreikomponenten-Kraftsensor, mit dem die

*Abb. 12: Dreikomponenten-Kraftsensor*

drei Komponenten einer beliebig angreifenden Kraft gemessen werden können.

**Einbau in ein Dynamometer**

Mehrkomponenten-Kraftsensoren werden meist nicht einzeln, sondern in Gruppen zu drei oder vier Sensoren in so genannte Dynamometer oder Messplattformen eingebaut. Dabei macht man sich die Eigenschaft zunutze, dass Sensoren gleicher Empfindlichkeit direkt elektrisch parallel geschaltet werden können und das Ausgangssignal der algebraischen Summe der einzelnen Kräfte entspricht. Abbildung 13 zeigt ein Dreikomponenten-Dynamometer, das

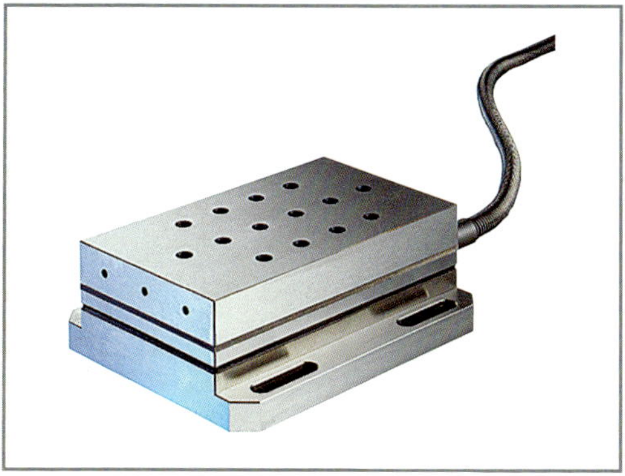

*Abb. 13: Dreikomponenten-Dynamometer*

aus vier Dreikomponenten-Sensoren aufgebaut ist. Die Ausgänge für die jeweiligen *x*-, *y*- bzw. *z*-Achsen der vier Sensoren sind elektrisch parallel geschaltet. Die Sensoren werden so ausgewählt, dass ihre Empfindlichkeiten in den drei Achsen innerhalb enger Toleranzgrenzen übereinstimmen. Das Dynamometer wirkt wie ein einzelner Dreikomponenten-Kraftsensor, der die drei Kraftkomponenten unabhängig vom Angriffspunkt der Kraft misst.

**Vorgaben für die konstruktive Gestaltung**

Was für den Einbau von Einkomponenten-Kraftsensoren gilt, ist auch bei der konstruktiven Gestaltung von Dynamometern oder Messplattformen zu beachten: Sie ist so zu

**Gleichmäßige Belastung der Sensoren**

wählen, dass die Sensoren gleichmäßig belastet werden. Die Boden- und Deckplatten der Dynamometer müssen eine ausreichende mechanische Steifigkeit aufweisen, damit die Sensoren beispielsweise bei einer punktförmigen Krafteinleitung nicht durch Spannungen überlastet werden, die infolge einer Durchbiegung der Deckplatte entstehen.
Oft werden weitere Teile auf die Dynamometer geschraubt (z. B. zu bearbeitende Werkstücke), die mit der Deckplatte eine strukturelle Einheit bilden und sie dadurch stabilisieren. Das gleiche gilt für die Bodenplatte: Diese kann umso elastischer bzw. leichter sein, je steifer die Unterlage ist, auf der das Dynamometer montiert wird. Voraussetzung ist allerdings, dass die Berührungsflächen plan und fein bearbeitet sind und die beiden Teile durch eine ausreichende Zahl von Schraubverbindungen so zusammengefügt werden, dass sie mechanisch eine Einheit bilden.

## Sensoren zur Messung von Momenten

**Momentenmessung mit Kraftsensoren**

Neben Kräften können auch Drehmomente auf das Dynamometer einwirken; diese belasten die Sensoren zwar, werden aber dank der Parallelschaltung nicht gemessen. Es ist allerdings möglich, diese Momente aus den einzelnen Ausgangssignalen der nicht parallel geschalteten Sensoren zu bestimmen. So entsteht ein Messsystem, das alle nach der mechanischen Analyse bestimmbaren Größen misst, d. h. die drei Komponenten der resultierenden Kraft sowie die drei Komponenten des resultierenden Moments, bezogen auf die durch die Sensoren vorgegebenen Bezugskoordinaten.
Es gibt jedoch auch Sensoren, die speziell zur Messung von Momenten entwickelt wurden.

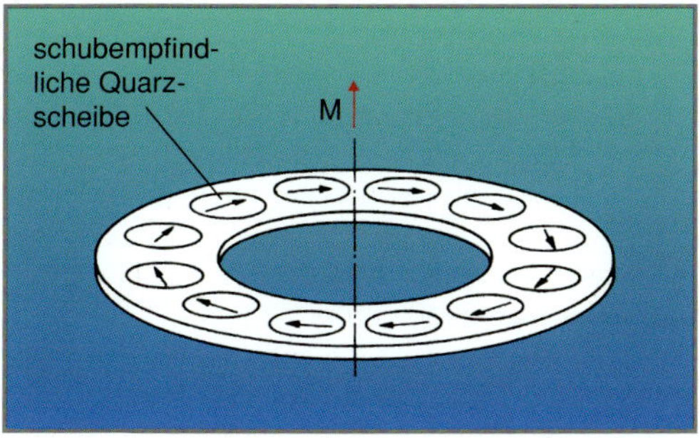


*Abb. 14: Anordnung von schubempfindlichen Quarzscheiben zur Messung von Momenten*

**Aufbau und Funktionsweise**

In diesem Fall werden schubempfindliche Quarzscheiben so in einem Kreis angeordnet, dass deren schubempfindliche Achse jeweils tangential zum Kreis liegt (Abb. 14). Dieser Sensor ist wiederum unter hoher Vorspannung einzubauen, da die Schubkräfte durch Reibung übertragen werden.
Wirkt auf den Sensor ein Moment, werden in den Quarzscheiben Schubspannungen erzeugt. Weil alle Quarzscheiben elektrisch parallel geschaltet sind, ist das Ausgangssignal, das sich aus den Beiträgen der einzelnen Sensoren zusammensetzt, proportional zum angreifenden Moment.

## Einfluss der Beschleunigung

**Entstehung von Trägheitskräften**

Jeder Gegenstand, der eine Beschleunigung oder Verzögerung erfährt, ist Massenträgheitskräften unterworfen. Wirken z. B. auf ein Dynamometer in der Praxis die Prozesskräfte $F_p$ ein, resultieren daraus beschleunigungsbedingte oder Massenträgheitskräfte:

$$F_a = m \cdot a$$

mit $F_a$: Massenträgheitskraft
$m$: beteiligte Massen
$a$: Beschleunigung

Diese Kräfte wirken auf das piezoelektrische Messelement und überlagern sich somit der zu untersuchenden Prozesskraft $F_p$. Das Gesamtsignal $F_{res}$ weist also gemäß

**Beschleunigungs-bedingter Fehler**

$$F_{res} = F_p + F_a$$

einen beschleunigungsbedingten Fehler auf. Dieser Fehler lässt sich bei Kenntnis der beteiligten Massen $m$ und der wirkenden Beschleunigung $a$ auf sehr kleine Werte (unter 1 % des nicht kompensierten Werts) reduzieren, was zu genaueren Messungen und somit zu exakteren Prozessen führt. Dabei wird mit einer speziellen Elektronik die mithilfe eines Beschleunigungssensors bestimmte Massenträgheitskraft $F_a$ vom Gesamtkraftsignal $F_{res}$ subtrahiert [1, 2, 3].

## Anwendungsbeispiele

Zwei- und Dreikomponenten-Kraftsensoren für Axialkräfte zwischen ±2,5 und ±120 kN, für Querkräfte in $x$- und $y$-Richtung zwischen ±2,5

*Abb. 15: Rotierendes Schnittkraftdynamometer*

und ±100 kN und für Drehmomente bis 200 Nm finden Anwendung bei der Schnittkraftmessung an Werkzeugmaschinen, bei der Untersuchung von Handwerkszeugen sowie bei biomechanischen Untersuchungen in Sport und Medizin. Abbildung 15 zeigt ein rotierendes Schnittkraftdynamometer, das in der zerspanenden Metallbearbeitung zu Forschungszwecken und zur Optimierung der Bearbeitungsprozesse eingesetzt wird.

**Radkraftdynamometer**

Sämtliche Komponenten der Kräfte und Momente, die beim Abrollen eines Reifens auf der Fahrbahn auftreten, lassen sich mit einem rotierenden Radkraftdynamometer messen, welches ohne Änderung am Fahrzeug direkt an der Felge montiert werden kann (Abb. 16). Das rotierende Radkraftdynamometer weist eine Dreiflansch-Ausführung auf: Die Kraft auf den Reifen wird über die Felge auf den Mittelflansch geleitet. Der Mittelflansch, an dem acht Dreikomponenten-Kraftsensoren angebracht sind, ist zwischen den beiden äußeren

*Abb. 16: Rotierendes Radkraftdynamometer*

Flanschen eingespannt. Jedes der vier Sensorpaare ist außerdem über eine hochfeste Schraube vorgespannt. Die äußeren Flansche übertragen die Kraft schließlich über den Nabenadapter auf die Nabe des Fahrzeugs. Diese patentierte Dreiflansch-Ausführung mit jeweils zwei Sensoren in Gegentaktanordnung bietet den Vorzug, dass sie gegenüber Temperaturschwankungen praktisch unempfindlich ist. Die Kraftsignale werden mithilfe eines Analogrechners vom rotierenden Koordinatensystem des Radkraftdynamometers in ein stationäres Bezugssystem der Karosserie transformiert. Für die Transformation nutzt der Rechner das Signal eines Winkelgebers. Zusätzlich werden die drei Momentenkomponenten aus den Kraftsignalen abgeleitet.

**Vorteile dieser Ausführung**

Piezoelektrische Kraftsensoren werden auch eingesetzt, um Verkehrsströme zu erfassen und statistisch auszuwerten. Mehrkomponenten-Kraftsensoren finden darüber hinaus Anwendung in so genannten Prall- oder Crashwänden für die Automobilindustrie. Abbildung 17 zeigt die Situation nach einem seitlich-frontalen Aufprall, bei dem die Aufprallgeschwin-

*Abb. 17: Seitlich-frontaler Aufprall mit 70 km/h*

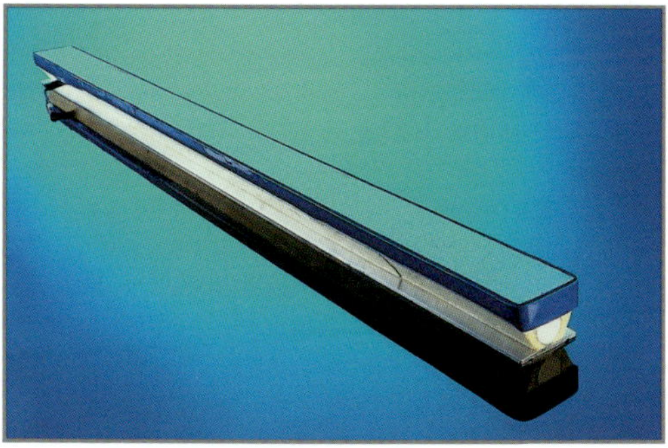

*Abb. 18: Sensor zur Messung der Achslasten von Fahrzeugen*

digkeit 70 km/h betrug. Mit dem in Abbildung 18 gezeigten Sensor, der quer zur Fahrtrichtung in der Fahrbahn eingebaut ist, werden die Achslasten passierender Fahrzeuge präzise erfasst.

**Experimentelle Frequenz- und Modalanalyse**

Schließlich werden Kraftsensoren in Impulshämmern beispielsweise für die experimentelle Frequenz- und Modalanalyse eingesetzt. Ziel dieser rechnergestützten Verfahren ist es, die Eigenfrequenzen, die zugehörigen Dämpfungen und die Schwingungseigenformen mechanischer Strukturen zu bestimmen. Die Impulshämmer dienen dazu, die Schwingungen der zu untersuchenden Strukturen (z. B. Werkzeugmaschinen, Automobile, Plattformen) anzuregen. Dazu wird in den Hammerkopf ein einachsig messender Kraftsensor eingebaut, der mit unterschiedlich harten Schlagspitzen versehen werden kann, sodass sich die spektrale Anregung an das jeweilige Messproblem anpassen lässt.

## Kalibrierung von Kraft- und Drehmomentsensoren

**Ablauf der Kalibrierung**

Jeder ein- oder mehrachsig messende Kraftsensor wird im Werk kalibriert. Dazu wird er mit einer Kraft belastet, die mit einem rückverfolgbar kalibrierten Werksnormal gemessen wird. Dieses Werksnormal ist wiederum an ein nationales Normal angeschlossen. Die aufgebrachte Last wird über eine Kalotte exakt in die Messachse des Sensors eingeleitet. Damit vermeidet man eine seitliche Belastung des Sensors. Die Last kann so gewählt werden, dass sie den vollen Messbereich des zu prüfenden Sensors oder nur einen Teilbereich davon abdeckt. Aus der bei einer bestimmten Last erzeugten elektrischen Ladung lässt sich die Empfindlichkeit des zu prüfenden Sensors bestimmen, die in pC/N angegeben wird.

**Quasistatisches Verfahren**

Piezoelektrische Kraftsensoren werden auf hydraulischen Kraftmaschinen quasistatisch kalibriert. Dabei wird die Kraft innerhalb von etwa fünf Sekunden auf den gewünschten Wert gebracht und anschließend in der gleichen Zeit wieder auf Null reduziert. Die resultierende Kennlinie erlaubt es, die Empfindlichkeit, den Linearitätsfehler und die Hysterese zu bestimmen.

Die quasistatische Kalibrierung liefert allerdings keine Informationen über die dynamischen Eigenschaften des Sensors. Wird ein auf diese Weise kalibrierter Sensor später für dynamische Messungen eingesetzt, kann das Messergebnis durch unbekannte bzw. nicht berücksichtigte Effekte beeinflusst werden. Um bereits bei der Kalibrierung festzustellen, welche Effekte bei der Einwirkung dynamischer Kräfte auftreten, sind neue, sehr aufwändige Kalibrierverfahren entwickelt worden [4, 5].

**Aufwändige dynamische Kalibrierung**

Drehmomentsensoren werden nach der gleichen Vorgehensweise kalibriert wie Kraftsensoren: Die Kalibrierung erfolgt rückverfolgbar gegen ein Werksnormal, wobei das Drehmoment bis zum gewünschten Wert gesteigert und anschließend wieder auf Null reduziert wird.

# Drucksensoren

## Prinzipieller Aufbau von Drucksensoren

**Einsatz stabförmiger Quarzelemente**

Abbildung 19 zeigt den typischen Aufbau eines Drucksensors. Das piezoelektrische Sensorelement besteht in diesem Fall aus stabförmigen Quarzelementen, die den Transversaleffekt aufweisen, und ist durch eine Vorspannhülse vorgespannt. Die Frontpartie der Spannhülse ist als Druckübertragungsstück ausgebildet. Zwischen diesem Übertragungsstück und dem Sensorelement befindet sich ein Zwischenstück, das dazu dient, die Spannungsverteilung auf der Stirnfläche der piezoelektrischen Elemente zu homogenisieren und Temperaturänderungen zu kompensieren. Ein solches Zwischenstück befindet sich auch auf der anderen Seite des Sensorelements.

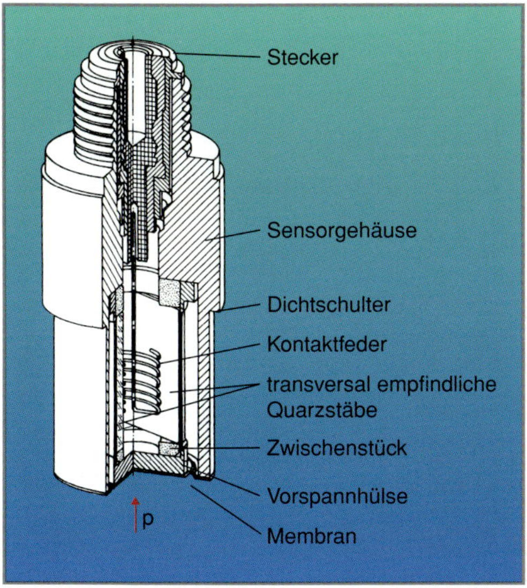


*Abb. 19: Aufbau eines piezoelektrischen Drucksensors*

Die Membran ist bündig und dicht mit dem Sensorgehäuse verschweißt und stützt sich unter leichter Vorspannung auf die Front der Spannhülse. Das Sensorgehäuse besitzt eine Dichtschulter, spezielle Ausführungen haben auch ein Montagegewinde. Rückseitig befindet sich der elektrische Anschluss. Bei piezoelektrischen Elementen, die den Transversaleffekt zeigen, erscheinen die Ladungen auf den unbelasteten Seitenflächen (im vorliegenden Fall sind dies die planen Seitenflächen). Daher werden auf diese Flächen die Elektroden aufgedampft, über die man die Ladungen abgreift. Die Elektroden sind durch eine spiralförmige Feder kontaktiert; ihre zylindrischen Gegenflächen sind mit dem Gehäuse (der Masse) leitend verbunden.

**Membran zur Druckumwandlung**

Der vom Messmedium auf die Membran ausgeübte Druck $p$ wird in eine Kraft umgewandelt, die von der wirksamen Fläche der Membran abhängig ist. Diese dem Druck proportionale Kraft wird auf das Sensorelement übertragen.

## Drucksensoren für allgemeine Anwendungen

**Verzicht auf Montagegewinde**

Die Drucksensoren der Standardausführung besitzen kein Montagegewinde, wie es bei anderen Systemen üblich ist. Grund dafür ist, dass der relativ steife Kristall-Drucksensor beim Einschrauben in das Messobjekt meist geringfügig deformiert wird, speziell wenn das Gewinde der Montagebohrung im Messobjekt nicht mit ausreichender Sorgfalt geschnitten wurde. Die beim Einschrauben hervorgerufene Deformation wirkt sich auf die Membranpartie und auf die Kristallanordnung aus. Dies kann dazu führen, dass sich der Linearitätsfehler erhöht, die Empfindlichkeit ändert und eventuell ein Hysteresefehler auftritt.

Ein Sensor ohne Einschraubgewinde wird zwischen zwei Schultern festgeklemmt. Der empfindliche vordere Teil, in dem sich die Membran und das Messsystem befinden, bleibt dabei weitgehend frei von Verspannungen. Diese Konstruktion ermöglicht es, einen einzigen Sensor unter Verwendung verschiedener Montageadapter sehr variabel einzusetzen.

Standarddrucksensoren (Abb. 20) werden meist dort eingesetzt, wo die räumlichen Verhältnisse keine großen Abmessungen zulassen, wie beispielsweise am Verbrennungsmotor. Sie weisen Messbereiche von einigen hundert bar auf und werden in einer großen Zahl verschiedenster Bauformen angeboten (z. B. mit und ohne Wasserkühlung, in die Zündkerze oder den Glühkerzenadapter eingebaut oder in langen Bauformen, die über die Kühlwasserkanäle des Motors in den Brennraum eingebracht werden können). Diese Sensoren zeichnen sich durch relativ hohe Eigenfrequenzen in der Größenordnung von 110 bis 130 kHz aus und besitzen eine mittlere Druckempfindlichkeit. Werden die Sensoren für Messungen bei hohen Temperaturen verwendet, ist der Anschluss an einen Kühlwasseradapter notwendig; spezielle Sensoren mit einem erweiterten Betriebstemperaturbereich können ungekühlt eingesetzt werden.

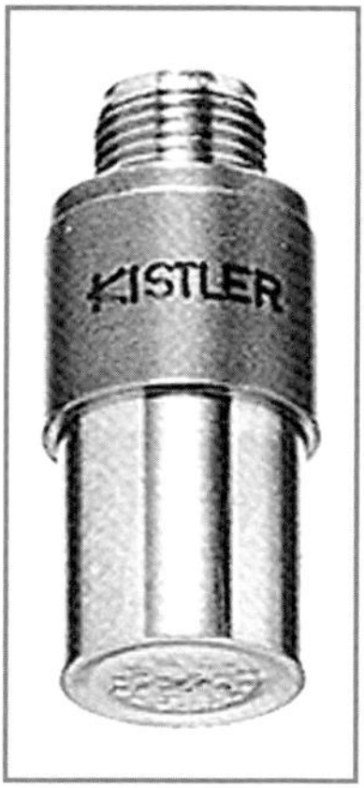


*Abb. 20: Drucksensor für allgemeine Anwendungen ohne Montagegewinde*

## Niederdrucksensoren

Niederdrucksensoren weisen eine hohe Empfindlichkeit auf. Dies wird zum einen dadurch erreicht, dass man Elemente aus piezoelektrischen Keramiken einsetzt oder Quarzelemente verwendet, die den Transversaleffekt aufweisen. Zum anderen kann die Empfindlichkeit durch die Verwendung einer Membran mit einer großen wirksamen Fläche erhöht werden. Abbildung 21 zeigt einen Niederdrucksensor mit einem Messbereich von 0 bis 10 bar (abso-

*Abb. 21: Niederdrucksensor*

**Typische Einsatzbereiche**

lut) und einer Ansprechschwelle von etwa 10 µbar. Da der Durchmesser der Membran, der etwa 30 mm beträgt, vergleichsweise groß ist, liegt die Eigenfrequenz nur bei etwa 13 kHz. Dieser Frequenzbereich ist jedoch für Niederdruckmessungen in der Technik meist ausreichend. Diese Sensoren werden typischerweise eingesetzt, um z. B. das Schwingungsverhalten der Luftsäulen in Rohrleitungen von Gebläsen und Kompressoren zu untersuchen, die Druckverhältnisse an Vergasern von Ottomotoren im dynamischen Betrieb zu bestimmen, den Druck an pneumatischen Regelkreisen und logischen Schaltungen zu messen sowie dynamische Luftdruckschwankungen (Infraschall) zu untersuchen.

## Hochdrucksensoren

**Festigkeitsprobleme**

Hochdrucksensoren decken Messbereiche von 1000 bis maximal 10 000 bar ab. Anwendung finden sie vor allem in der Ballistik, der Hochgeschwindigkeitsumformung und der Hochdruckhydraulik. Bei Hochdrucksensoren treten aufgrund der hohen Materialbeanspruchung Festigkeitsprobleme auf, die durch eine entsprechende konstruktive Gestaltung gelöst werden müssen. Dadurch sind die Sensoren weniger genau und haben eine kürzere Lebensdauer. Obwohl Hochdrucksensoren theoretisch auch für Messungen im Niederdruckbereich eingesetzt werden können, ist davon abzuraten, weil sie bei kleinen Drücken eine reduzierte Genauigkeit besitzen.

Hochdrucksensoren sind im Wesentlichen wie Standarddrucksensoren aufgebaut, allerdings liegt das eigentliche Messelement mit den Kristallen und der Membran außerhalb des Gewindebereichs. Auch in diesem Fall ist es wichtig, die Montagebohrungen präzise herzustellen und die Membran nicht zu weit vom

Messraum entfernt anzubringen, da sonst in der Verbindungsbohrung so genannte Pfeifenschwingungen auftreten können, die das Messergebnis nachhaltig stören.

## Drucksensoren mit Beschleunigungskompensation

Führt ein Drucksensor eine beschleunigte Bewegung aus, kann dies ein Ausgangssignal verursachen bzw. einen Druck vortäuschen (vgl. Kap. »Einfluss der Beschleunigung«, S. 23). Dieser Effekt rührt daher, dass die einzelnen Bestandteile des Drucksensors als seismische Massen wirken. Bei der beschleunigten Bewegung treten Trägheitskräfte auf, die auf das piezoelektrische Element wirken. Das dadurch verursachte unerwünschte Ausgangssignal bezeichnet man als Beschleunigungsfehler. Typische Werte liegen bei einigen mbar/$g_n$ ($g_n$: Fallbeschleunigung).

**Ursache des Beschleunigungsfehlers**

Da dieser Effekt vor allem die Messungen an stark vibrierenden Messobjekten verfälschen kann (bei Vibrationen von Formel-1-Motoren können Beschleunigungen bis 10 000 $g_n$ auftreten), wurden besondere, beschleunigungskompensierte Drucksensoren entwickelt (Abb. 22). Diese enthalten ein weiteres piezoelektrisches System, das so abgestimmt ist, dass es bei einer Beschleunigung ein Ladungssignal gleicher Größe aber umgekehrter Polarität abgibt wie der Drucksensor. Da die beiden Systeme elektrisch parallel geschaltet werden, kompensieren sich die beschleunigungsbedingten Ladungssignale, das resultierende Drucksignal enthält also keine Störanteile mehr. Die Beschleunigungsempfindlichkeit kompensierter Drucksensoren ist mit einigen hundert µbar/$g_n$ um etwa eine Größenordnung kleiner als die unkompensierter Drucksensoren.

**Maßnahmen zur Kompensation**

*Abb. 22: Beschleunigungskompensierter Drucksensor mit Quarzelementen, die den Transversaleffekt aufweisen*

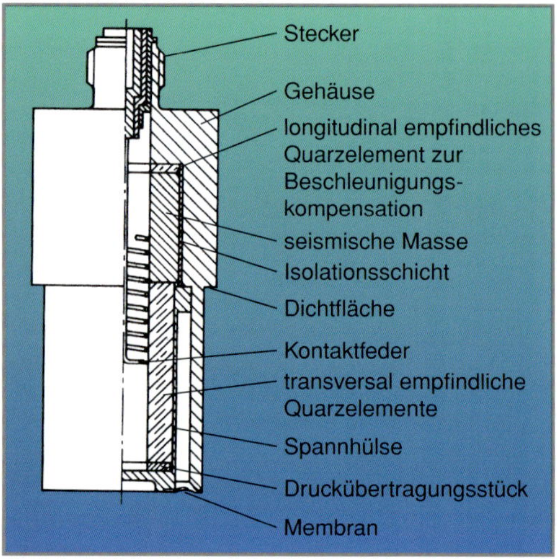


Die beschriebene Art der Beschleunigungskompensation ist aufwändig und teuer. Eine kostengünstigere Alternative bietet ein neuartiges, patentiertes System: Der Drucksensor ist in diesem Fall so konstruiert, dass die von der Membranpartie auf das Messelement ausgeübten Kräfte durch eine Masse aufgehoben werden, die hinter dem Messelement angebracht ist [2]. Somit entfällt das zusätzliche piezoelektrische System zur Messung der Beschleunigung und es entstehen geringere Herstellungskosten.

## Drucksensoren für Messungen bei hohen Temperaturen

**Zulässige Betriebstemperatur**

Die höchste Betriebstemperatur piezoelektrischer Drucksensoren liegt normalerweise bei etwa 200 bis 250 °C. Reicht eine Wasserkühlung nicht dazu aus, die Betriebstemperatur unter diesem Wert zu halten oder ist eine Wasserkühlung unerwünscht, werden spezielle Sensoren notwendig. PTFE kann bei Temperaturen über 250 °C nicht mehr zur elektrischen Isolierung benutzt werden, da sein Isolationswert stark abnimmt, es weich wird und sich zersetzt (vgl. auch Kap. »Isolationsmaterialien«, S. 13). Für Temperaturen über 250 °C kommen somit nur keramische Isolatoren sowie Kapton® in Frage.

**Auswirkungen zu hoher Temperaturen**

Nicht nur die Funktionsfähigkeit des Isolationsmaterials, auch die der piezoelektrischen Sensorelemente kann sich bei hohen Temperaturen verschlechtern. Der Isolationswiderstand piezoelektrischer Keramiken fällt stark ab, während Quarz und andere piezoelektrische Kristalle in dieser Hinsicht günstigere Eigenschaften besitzen. Da sowohl piezoelektrische Keramiken als auch Turmalin einen starken Pyroeffekt zeigen, können sie bei höheren Temperaturen nur bedingt verwendet werden, d. h. praktisch nur für dynamische Messungen mit einer unteren Grenzfrequenz von etwa 10 Hz. Bei herkömmlichen Quarzelementen, die den Longitudinal- und den Schubeffekt aufweisen, nimmt die Empfindlichkeit oberhalb 250 °C mit steigender Temperatur rasch ab. Hinzu kommt, dass Quarz bei höheren Temperaturen und insbesondere bei gleichzeitig hoher mechanischer Belastung zur Zwillingsbildung neigt, woraus sprungartig verringerte Empfindlichkeiten resultieren.

**Lösungen: Polystable-Schnitt …**

Aus diesen Gründen wurde nach speziellen Quarzschnitten gesucht, deren Empfindlichkeit mit steigender Temperatur weniger stark abnimmt, und die gleichzeitig einen größeren Widerstand gegenüber Zwillingsbildung aufweisen. Ein Beispiel hierfür ist der in Abbildung 6 skizzierte Polystable-Schnitt, der sich besonders für den Einsatz bei erhöhter Temperatur eignet. Piezoelemente dieser Form werden in Drucksensoren eingesetzt, die ungekühlt bis 350 °C betrieben werden können.

**... oder keramisches Hitzeschild**

Sensoren, die hohen Flammentemperaturen ausgesetzt sind (z. B. in Verbrennungsmotoren, Explosionskammern usw.), kann man zusätzlich mit einer Doppelmembran aus Keramik ausrüsten, die als Hitzeschild und thermischer Puffer dient. Auf diese Weise können zeitweilig auftretende Flammentemperaturen über 2500 °C zugelassen werden.

Bei solchen Sensoren sind temperaturbedingte Fehler, wie z. B. die von der Temperatur abhängige Änderung der Empfindlichkeit, von besonderer Bedeutung. Durch geschickte Kombination von Materialien mit verschiedenen Eigenschaften sowie eine geeignete Formgebung können diese Effekte gering gehalten werden.

## Drucksensoren zur Messung des Werkzeuginnendrucks

**Einsatz membranloser Sensoren**

Um den Druck in der Form einer Kunststoff-Spritzgießmaschine, also den Werkzeuginnendruck, zu messen, wurde eine spezielle Bauform von Drucksensoren entwickelt. Normale Drucksensoren sind nicht für den Einsatz bei der Verarbeitung plastischer Kunststoffmassen geeignet. Beim Ablösen des fertigen Kunst-

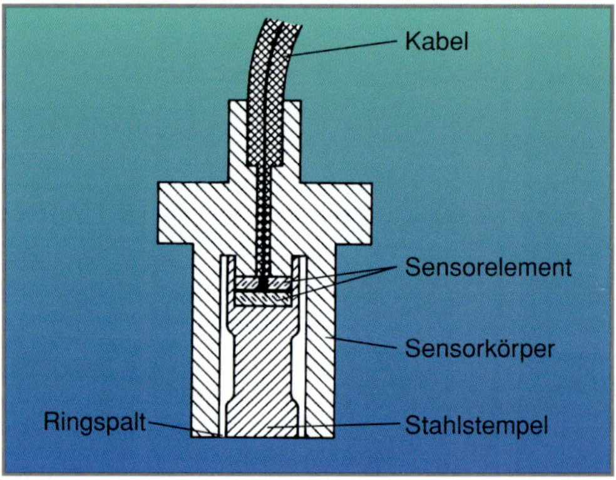


*Abb. 23: Aufbau eines Drucksensors zur Messung des Werkzeuginnendrucks*

stoffteils wirken Zugspannungen, die die dünne Membran überbeanspruchen können und die Lebensdauer der Sensoren dadurch herabsetzen. Außerdem lassen sich diese Sensoren nach dem Einbau in die Spritzgießform frontseitig nicht nachbearbeiten, um Abdrücke auf der Oberfläche des Kunststoffteils zu vermeiden. Aus diesen Gründen werden hier Drucksensoren ohne Membran verwendet.

**Aufbau …**

Abbildung 23 zeigt den Aufbau eines solchen Drucksensors. Den messenden Teil bildet ein zylindrischer Stahlstempel, der konzentrisch in den Sensorkörper eingebaut ist. Zwischen Stempel und Sensorkörper verbleibt ein Ringspalt von wenigen Mikrometern Breite. Der Stahlstempel überträgt die auf seine Stirnfläche ausgeübte Kraft auf das vorgespannte Sensorelement, das auf der Gegenseite angeordnet ist.

**… und Funktionsweise**

Die Kunststoffmasse besitzt eine relativ hohe Viskosität; sie kann nicht in den Ringspalt eindringen, sondern bildet vielmehr eine Art temporärer Membran. Da sowohl der Stahlstempel als auch der Sensorkörper auf der Frontseite massiv sind, kann man sie ohne weiteres nachbearbeiten, um sie z. B. an eine Krümmung der Forminnenfläche anzupassen.

Auch unter dem Einfluss von Temperaturänderungen oder Temperaturgradienten besitzt der massive Stempel Vorteile: Im Gegensatz zu einer Stahlmembran verwirft er sich bei raschen Temperaturänderungen nicht, sodass auch die Vorspannung des Sensorelements unverändert bleibt.

**Eigenschaften**

Die Messbereiche der beschriebenen Sensoren gehen bis zu 2000 bar; für die Kunststoffmasse sind Temperaturen bis 350°C zulässig. Damit die Sensoreigenschaften unter Einwirkung des maximalen Drucks auch bei diesen Temperaturen stabil bleiben, wird als Sensorelement ein Quarzschnitt verwendet, der keine

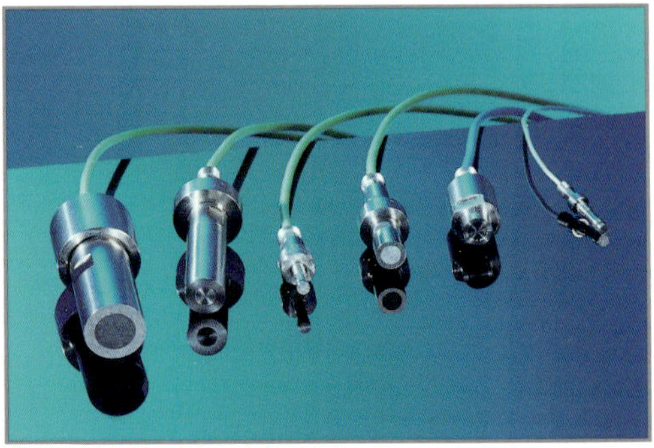

*Abb. 24: Sensoren zur Messung des Werkzeuginnendrucks*

Neigung zur Zwillingsbildung zeigt. In Abbildung 24 sind diverse Sensoren, die sich zur Messung des Werkzeuginnendrucks eignen, dargestellt.

## Kalibrierung von Drucksensoren

Drucksensoren werden kalibriert, indem man sie genau bekannten Drücken aussetzt und die

*Abb. 25: Kolbengewichtsmanometer zur Kalibrierung von Sensoren mit Messbereichen bis zu 8000 bar*

entsprechenden Ausgangssignale aufzeichnet. Am genauesten lassen sich Drücke mit so genannten Kolbengewichtsmanometern erzeugen (Abb. 25). Ein eingeschliffener Stahlkolben, dessen unteres Ende in einer Öldruckkammer mündet, wird mit genau bekannten Gewichten belastet. Der Öldruck, der auf das untere Kolbenende wirkt, wird entweder durch einen von Hand betätigten Druckkolben oder durch eine Pumpe solange erhöht, bis sich der mit den Gewichten belastete Kolben zu heben beginnt. Gleichzeitig wird der Kolben durch einen Motor in eine langsame Rotation um seine Längsachse versetzt, um Reibungseffekte zwischen Kolbenwand und Zylinder zu mindern.

**Kolbengewichtsmanometer**

Befindet sich der Kolben im Schwebezustand, beträgt der Druck im Öl $p = F/A$, wobei $F = m \cdot g_n$ ist und $m$ die Gesamtmasse von Kolben und Gewichten bezeichnet. $A$ ist die Querschnittsfläche des Kolbens. Da sowohl die Fläche $A$ als auch die Größen $m$ und $g_n$ sehr genau bestimmt werden können, lassen sich mit einer solchen Vorrichtung (auch Totgewichtsanlage genannt) Drücke erzeugen, die mit einem Fehler unter 0,05 % behaftet sind.

**Vor- und Nachteile des Verfahrens**

Der zu kalibrierende Sensor – es können auch mehrere Sensoren gleichzeitig kalibriert werden – wird in die Ölkammer der Anlage eingebaut und durch Auflegen verschiedener Gewichte mit den entsprechenden Drücken kalibriert. Obwohl diese Methode sehr genau ist, hat sie verschiedene Nachteile: Beispielsweise kann der Druck nur in diskreten Schritten, also nicht stetig verändert werden. Darüber hinaus ist es einfacher, den Druck stufenweise von kleinen auf große Werte zu erhöhen als ihn umgekehrt wieder stufenweise zu reduzieren. Das Abheben eines Gewichts ist häufig mit einem kurzen Druckanstieg verbunden: Wurde ein Gewicht abgehoben, muss der Druck über ein Ablassventil langsam reduziert werden, bis der Kolben von seinem oberen Anschlag in die schwebende Stellung zurückgekehrt ist, ohne zuerst bis zum unteren Anschlag abzusinken. Geschieht dies trotzdem, ist wieder eine leichte Druckerhöhung notwendig, um den Kolben in den Schwebezustand zu führen. Um die Hysteresekurve eines Drucksensors exakt bestimmen zu können, muss der Druck jedoch stetig auf den Ausgangswert absinken.

**Referenzdrucksensoren als Alternative**

Für die routinemäßige Kalibrierung verwendet man deshalb oft so genannte Referenzdrucksensoren. Diese weisen besonders gute Daten auf und werden unter entsprechendem Aufwand periodisch gründlich ausgemessen und kontrolliert: Über die exakte Bestimmung der Masse der aufgelegten Gewichte und der am Kalibrierort wirkenden Gravitationskonstante (die mit einem Gravimeter gezeitenkorrigiert bestimmt wird) werden Referenzdrucksensoren mit einem Kolbengewichtsmanometer rückverfolgbar kalibriert.

Der oder die zu kalibrierenden Sensoren werden zusammen mit dem Referenzdrucksensor in eine Druckkammer eingebaut. Der Druck in dieser Kammer lässt sich stetig über den gewünschten Bereich erhöhen und wieder absenken, sodass man eine vollständige Kalibrierkurve erhält. Die bei diesem Verfahren auftretenden Fehler lassen sich auf wenige Promille beschränken, vorausgesetzt, die verwendeten Verstärker und Aufzeichnungsgeräte wurden entsprechend elektrisch kalibriert.

**Kalibrierung membranloser Drucksensoren**

Eine andere Vorgehensweise erfordert die Kalibrierung membranloser Drucksensoren. Diese Sensoren dürfen keinen gasförmigen Medien oder niedrigviskosen Flüssigkeiten ausgesetzt werden, da diese in den Ringspalt eindringen können. Geschieht dies, wird der Prüfdruck auf die Seitenwand der Vorspannhülse des Sensorelements übertragen und drückt sie ein. Zur Kalibrierung überträgt man

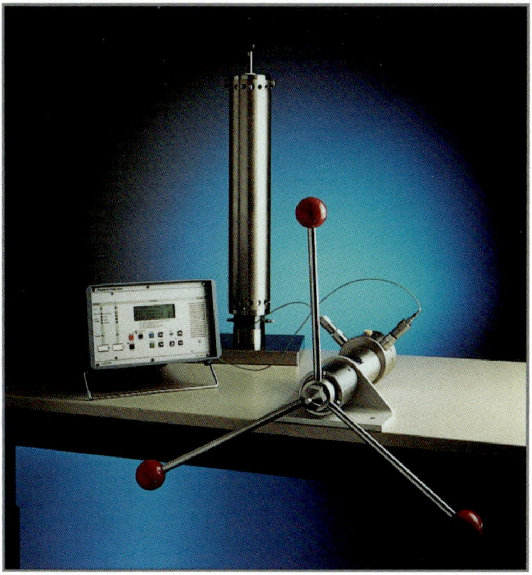

*Abb. 26: Tragbarer Hochdruckgenerator (vorn), Vorrichtung mit Fallgewichten (hinten) und Auswerteelektronik für die Druckkalibrierung*

daher entweder eine Kraft auf den Stahlstempel und bestimmt über die bekannte Querschnittsfläche des Stempels die Druckempfindlichkeit, oder man versieht die Sensorfront mit einer temporären Membran, sodass der Sensor mit Öldruck kalibriert werden kann.

**Dynamische Vergleichsmessung**

Dynamische Vergleichsmessungen eines zu prüfenden Drucksensors gegen einen bekannten Drucksensor können in Vorrichtungen mit fallenden Gewichten erfolgen. Dabei werden die Maximalwerte, die der zu prüfende Sensor und der Referenzsensor liefern, miteinander verglichen, und die gesuchte Empfindlichkeit des zu prüfenden Sensors abgeleitet. Abbildung 26 zeigt einen tragbaren Hochdruckgenerator mit einem Messbereich bis 5000 bar sowie eine Vorrichtung mit Fallgewichten und ein Kalibriergerät, das direkt die Abweichung des zu prüfenden Sensors vom Referenzdrucksensor anzeigt.

# Beschleunigungs-sensoren

Die Beschleunigung ist definiert als die Änderung der Geschwindigkeit pro Zeiteinheit. Aus praktischen Gründen bezieht man die Angaben sehr oft auch auf die Fallbeschleunigung $g$. Da die Fallbeschleunigung nur geringfügig von der geografischen Breite abhängt, verwendet man im Allgemeinen den Normwert $g_n = 9{,}80665\ \mathrm{m/s^2}$. Die Beschleunigung wird dann als Vielfaches von $g_n$ angegeben.

**Materialien für Beschleunigungs-sensoren**

In Beschleunigungssensoren kommen vor allem Sensorelemente aus Quarz und piezoelektrischen Keramiken zum Einsatz. Sensoren für Vibrationsmessungen bei hohen Temperaturen bis über 600 °C basieren auch auf Turmalin und Lithiumniobat. Je nach Anwendungszweck unterscheidet man hoch empfindliche Beschleunigungssensoren für geophysikalische und bautechnische Untersuchungen, Beschleunigungssensoren für allgemeine Vibrationsmessungen, für die experimentelle Modalanalyse und für Schockuntersuchungen.

## Prinzipieller Aufbau von Beschleunigungssensoren

*Abb. 27: Beschleunigungs-sensor mit schub-empfindlichen Mess-elementen*

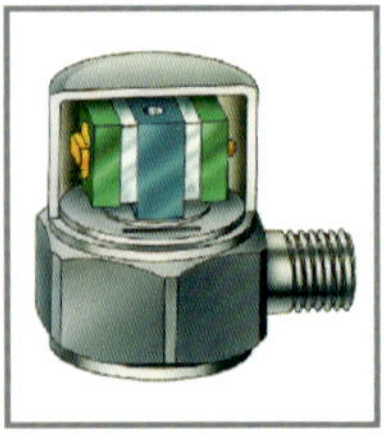

Piezoelektrische Beschleunigungssensoren bestehen im Wesentlichen aus drei Elementen: dem Gehäuse, dem piezoelektrischen Messelement und der seismischen Masse (Abb. 27). Da die seismische Masse konstant ist und das zweite Newtonsche Gesetz $F = m \cdot a$ gilt, ist die auf das Messelement wirkende Kraft der Beschleunigung direkt proportional. Die vom piezoelektrischen Element erzeugte Ladung ist wiederum der Kraft und damit auch der Beschleunigung proportional.

Aufgrund der hohen mechanischen Steifigkeit $c$ des Messelements sowie seiner geringen seismischen Masse $m$ liegen die Eigenfrequenzen piezoelektrischer Beschleunigungssensoren $f_0$ bei relativ hohen Werten. Es gilt:

$$f_0 = \frac{1}{2\pi} \cdot \sqrt{\frac{c}{m}}$$

Für einfache Betrachtungen werden Dämpfungsterme in der Regel vernachlässigt – so auch im Fall der piezoelektrischen Sensoren, die nur eine sehr geringe Dämpfung aufweisen.

## Bauformen piezoelektrischer Beschleunigungssensoren

**Grundformen**

Obwohl eine große Zahl verschiedenster Bauformen von Beschleunigungssensoren entwickelt wurde, lassen sich diese doch im Wesentlichen auf wenige Grundformen zurückführen. Grundsätzlich kann das Sensorelement so eingebaut werden, dass es auf Normal- oder Schubkraftbeanspruchung empfindlich ist oder auf Biegebeanspruchung reagiert.

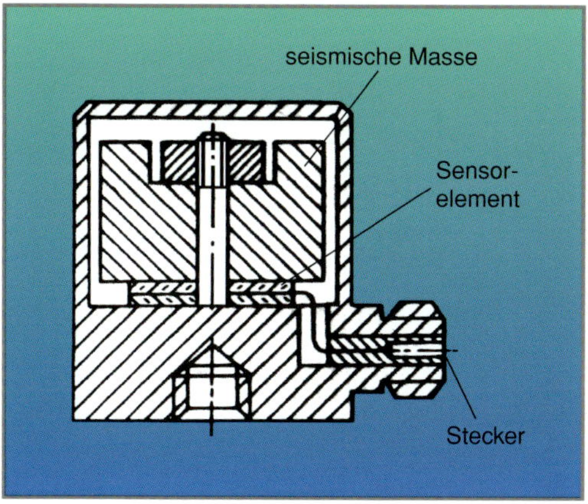


*Abb. 28: Beschleunigungssensor mit Sensorelement, das auf Normalkräfte reagiert*

**Nachteile der Messung von Normalkräften**

Abbildung 28 zeigt ein Sensorelement, das auf Normalkräfte reagiert. Diese Bauart weist eine mehr oder weniger stark ausgeprägte Basisdehnungsempfindlichkeit auf, d. h. Dehnungen des Messobjekts werden direkt über die Grundplatte auf das Sensorelement übertragen. Zudem reagiert diese Konstruktion relativ empfindlich auf thermische Transienten, also kurzzeitige Temperaturänderungen – jede Temperaturänderung hat unmittelbar auch eine Änderung der Vorspannung zur Folge, die vom druckempfindlichen Kristall in ein Ladungssignal umgesetzt wird. Die durch die Basisdehnung und die Temperaturänderung hervorgerufenen Fehlersignale sind dem Nutzsignal – erzeugt durch die zu messende Beschleunigung – überlagert und können von diesem nicht getrennt werden.

**Vorteile schubempfindlicher Sensorelemente**

Zur Beschleunigungsmessung verwendet man daher vorzugsweise schubempfindliche piezoelektrische Messelemente (Abb. 29). Die von den beiden Quarzscheiben erzeugten Ladungssignale werden elektrisch parallel geschaltet. Da diese Elemente nur auf Schub-, nicht aber auf Druckkräfte senkrecht zu ihrer schubemp-

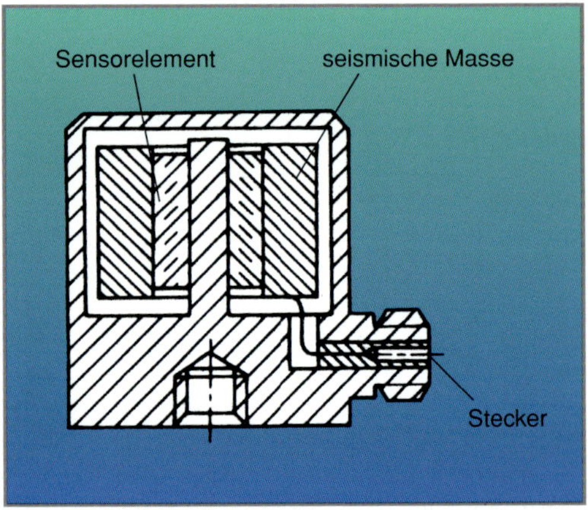


*Abb. 29: Beschleunigungssensor mit schubempfindlichem Sensorelement*

findlichen Achse reagieren, sind sie gegenüber Basisdehnungen und einer mechanischen Beanspruchung des Gehäuses nahezu unempfindlich. Sie reagieren auch kaum auf Temperaturänderungen, weil die dadurch verursachte Änderung der Vorspannkraft im Vorspannbolzen in einer unkritischen Richtung auf das Sensorelement wirkt. Schließlich zeigen schubempfindliche piezoelektrische Keramikelemente keinen pyroelektrischen Effekt. Moderne Universalbeschleunigungssensoren werden heute fast ausschließlich nach diesem Konstruktionsprinzip hergestellt.

**Einfluss der Größe der seismischen Masse**

Die Empfindlichkeit der beiden beschriebenen Sensorbauformen hängt direkt von der Größe der seismischen Masse ab – je größer diese ist, desto empfindlicher ist der Sensor. Dies hat allerdings zur Folge, dass die Sensoren groß und vor allem schwer werden, was sie für bestimmte Anwendungen ungeeignet macht.

Mit der zunehmenden Leistungsfähigkeit der Rechner und der Entwicklung entsprechender Auswerteprogramme erlangte die experimentelle Modalanalyse Mitte der 80er Jahre des 20. Jahrhunderts sehr große Bedeutung. Eine der Hauptforderungen dieses Verfahrens ist die nach einer möglichst geringen Masse des Beschleunigungssensors – jede zusätzliche Masse, die am zu untersuchenden Objekt angebracht wird, verändert dessen Schwingungseigenschaften. Dies führte dazu, dass sich eine weitere Bauform von Beschleunigungssensoren etablierte, die auf dem Prinzip des piezokeramischen Biegebalkens beruht (Abb. 30).

**Prinzip des piezokeramischen Biegebalkens**

Die Masse des Biegebalkens stellt die seismische Masse dar. Wirkt eine Beschleunigung auf den Sensor, wird der Biegebalken minimal ausgelenkt und in der hoch empfindlichen Piezokeramik ein Ladungssignal erzeugt, das im Vergleich zum Signal eines Quarzelements um etwa den Faktor 100 größer ist. Nach diesem

*Abb. 30: Beschleunigungssensor mit piezokeramischem Biegebalken*

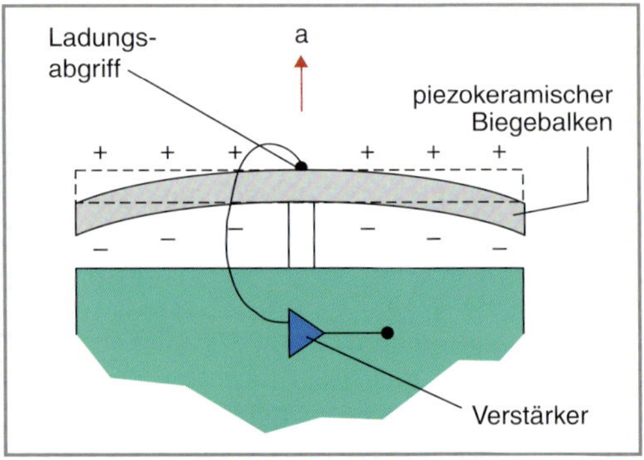


Prinzip lassen sich sehr leichte und hoch empfindliche Sensoren herstellen. Dass sie im Vergleich zu anderen piezoelektrischen Beschleunigungssensoren eine geringere Eigenfrequenz aufweisen, ist für die Anwendung in der experimentellen Modalanalyse unerheblich.

**Nachteile**

Diese Sensoren besitzen allerdings auch Nachteile. Zum einen sind sie pyroelektrisch, zum anderen besteht bei unsachgemäßer Behandlung – wenn sie z. B. zu Boden fallen – die Gefahr, dass der Biegebalken bricht und die Sensoren dadurch unbrauchbar werden. Um zumindest den ersten Nachteil auszuschließen, setzt man heute in der experimentellen Modalanalyse auch hoch empfindliche, kleine und leichte Beschleunigungssensoren mit schubempfindlichen piezokeramischen Messelementen ein, die keinen Pyroeffekt aufweisen. Beschleunigungssensoren sind in ein- und dreiachsig messenden Ausführungen erhältlich.

## Beschleunigungssensoren für allgemeine Anwendungen

**Hauptanwendung: Schwingungsmessung**

Piezoelektrische Beschleunigungssensoren werden hauptsächlich für Schwingungsmessungen an Maschinen und mechanischen

**Auswahlkriterien**

Strukturen eingesetzt. Die Auswahl eines Beschleunigungssensors erfolgt in erster Linie nach dem Messbereich, der Empfindlichkeit, der Masse, der Eigenfrequenz und dem Betriebstemperaturbereich.
Betrachtet man zunächst nur den Mess- und den Betriebstemperaturbereich, kommt für normale Anwendungen eine große Zahl verschiedener Sensoren in Frage – es sei denn, dass Schockmessungen mit Beschleunigungen über 10 000 $g_n$ oder Messungen bei Temperaturen über etwa 250 °C durchgeführt werden sollen.
Unter messtechnischen Gesichtspunkten wäre darüber hinaus eine hohe Empfindlichkeit (niedrige Ansprechschwelle) des Sensors bei gleichzeitig geringer Masse (minimale Zusatzbelastung für das Messobjekt) sowie hoher Eigenfrequenz (weiter Frequenzbereich) wünschenswert. Im Allgemeinen gilt:

**Vergleich verschiedener Sensortypen**

- Bei gegebener Empfindlichkeit kann die Masse eines Sensors mit Keramikelementen (insbesondere wenn diese schubempfindlich sind) bis zu 100-mal kleiner sein als die eines Sensors mit Quarzelementen.
- Bei gegebener Masse kann die Empfindlichkeit eines Sensors mit Keramikelementen bis zu 100-mal höher sein als bei Sensoren mit Quarzelementen.
- Bezüglich der Eigenfrequenz bestehen geringe Unterschiede zwischen Sensoren mit Quarz- und solchen mit Keramikelementen, wobei diejenigen mit Quarzelementen bei gegebener Empfindlichkeit immer die niedrigste Eigenfrequenz besitzen. Die höchsten Eigenfrequenzen von Quarzelementen liegen bei etwa 125 kHz, während sie bei Keramikelementen bis zu 250 kHz betragen.

Die oben aufgeführten Punkte machen deutlich, warum piezoelektrische Keramiken trotz ihrer bekannten Einschränkungen gerade in Beschleunigungssensoren eine große Bedeutung erlangt haben.

**Weitere relevante Größen**

Neben dem Messbereich und dem Betriebstemperaturbereich gibt es noch eine ganze Reihe weiterer Kriterien, die für die Auswahl eines Sensors für ein vorgegebenes Messproblem entscheidend sind. Dazu gehören die Basisdehnungsempfindlichkeit, der Einfluss von Temperaturänderungen und -gradienten, die magnetische und die akustische Empfindlichkeit, die Strahlungsempfindlichkeit, das Übersprechen (auch als Querempfindlichkeit bezeichnet) sowie Linearitätsfehler und Hysterese, Stabilität, maximal zulässige Querbeschleunigung usw.

**Signalverarbeitung**

Neben Beschleunigungssensoren, die direkt an einen Ladungsverstärker angeschlossen werden, ist auch eine sehr große Zahl von Sensoren mit eingebautem Impedanzwandler erhältlich, die vor allem für Vibrationsmessungen verwendet werden (zum Schaltungsprinzip siehe auch Kap. »Impedanzwandler«, S. 60). Diese Sensoren haben den Vorteil, dass anstelle eines hochisolierenden und rauscharmen Kabels ein herkömmliches Kabel verwendet werden kann, denn das Ausgangssignal ist niederohmig und steht in Form einer Spannungsänderung zur Verfügung. Der Nachteil von Sensoren mit Spannungsausgang besteht darin, dass ihr Messbereich durch den eingebauten Impedanzwandler festgelegt ist und nachträglich nicht mehr nach Bedarf geändert werden kann. Zudem ist die untere Grenzfrequenz durch die Zeitkonstante des Impedanzwandlers vorgegeben. Die Hitzeempfindlichkeit der elektronischen Komponenten schränkt die Betriebstemperatur der Sensoren auf einen Bereich von etwa –40 bis 120 °C ein, spezielle Ausführungen sind bis 165 °C verwendbar.

**Schutz vor äußeren Einflüssen**

Beschleunigungssensoren für allgemeine Anwendungen sind oft von einem hermetisch abgedichteten Gehäuse umgeben, sodass sie auch bei rauen Umgebungsbedingungen (z. B. Schmutz, Nässe) eingesetzt werden können. Stattet man die Sensoren mit einer zusätzlichen Masseisolation aus, die die elektrische Verbindung zwischen dem Sensorgehäuse und dem Messobjekt unterbricht, lassen sich so genannte Erdschlaufen und damit verbundene Probleme wie eine Störung der Messsignale durch Netzbrummen erfolgreich verhindern.

## Hoch empfindliche Beschleunigungssensoren

**Maßnahmen zur Erhöhung der Empfindlichkeit**

Eine höhere Empfindlichkeit bzw. eine niedrigere Ansprechschwelle erhält man einerseits durch die Vergrößerung der seismischen Masse, andererseits durch die Verwendung eines piezoelektrischen Sensorelements mit einer hohen Empfindlichkeit. Abbildung 31 zeigt eine Sensorausführung, deren Ansprechschwelle unter $10^{-5} g_n$ liegt und deren Mess-

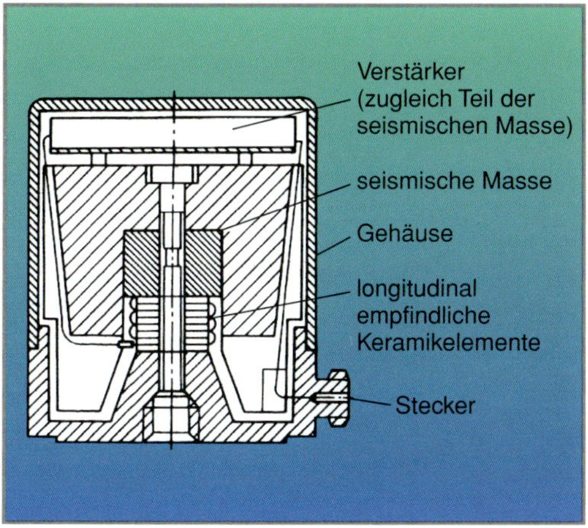


*Abb. 31: Hoch empfindlicher Beschleunigungssensor*

bereich sich von –1 $g_n$ bis +1 $g_n$ erstreckt. Als Sensorelemente dienen mehrere mechanisch in Reihe geschaltete piezokeramische Elemente, die den Longitudinaleffekt aufweisen. Diese Serienschaltung ergibt in Verbindung mit der großen seismischen Masse von etwa 500 g eine Empfindlichkeit von 10 000 pC/$g_n$, allerdings liegt die Eigenfrequenz mit etwa 2,5 kHz entsprechend niedrig – für geophysikalische und bautechnische Anwendungen ist dieser Wert jedoch ausreichend. In diesen Anwendungen werden z. B. Schwingungen der Erdoberfläche und großer Bauwerke wie Brücken und Gebäude gemessen, die in einem Frequenzbereich bis etwa 50 Hz liegen. Auch die große Gesamtmasse des Sensors von 600 g stellt für diese Anwendungen keinen Nachteil dar.

**Eigenfrequenz**

Theoretisch lässt sich die Empfindlichkeit des Sensors durch die Verwendung noch größerer seismischer Massen weiter steigern, praktisch wird von dieser Vorgehensweise jedoch kaum Gebrauch gemacht, da die entsprechenden Sensoren nicht nur unhandlich, sondern auch schwierig zu kalibrieren wären und zudem sehr empfindlich auf Stöße reagieren würden.

## Beschleunigungssensoren für Schockmessungen

**Aperiodischer Signalverlauf**

Anders als ein Vibrationssignal zeigt das von einem Schock herrührende Signal einen ausgesprochen aperiodischen Verlauf, der durch einen raschen Anstieg und unmittelbaren Rückgang auf Null charakterisiert ist. Idealisiert lässt sich ein Schocksignal durch eine halbe Sinusschwingung darstellen. Die Dauer eines solchen Signals kann zwischen wenigen Mikrosekunden und einigen hundert Millisekunden liegen. Daher müssen Sensoren für die Schockmessung einerseits über eine möglichst hohe Eigenfrequenz verfügen, um die bei einer Schockanregung auftretenden extrem kurzen Anstiegszeiten unverfälscht wiedergeben zu können, andererseits aber auch für tiefe Frequenzen geeignet sein. Entsprechend ist auch ein Verstärker mit einem ausreichend weiten Frequenzgang erforderlich. Während die Amplitude der Messgröße bei Vibrationsmessungen einige tausend $g_n$ selten überschreitet, benötigt man bei Schockmessungen Messbereiche bis zu 100 000 $g_n$.

**Montage des Sensors**

Sensoren für Schockmessungen sollten immer so montiert werden, dass durch die Schockwelle eine Druckspannung auf die Montagefläche des Sensors ausgeübt wird. Dadurch lässt sich eine Zugbeanspruchung der Montageschraube vermeiden. Dies hätte eine weichere Ankopplung zur Folge, die die Anstiegszeit der Messanordnung (die Zeit, in der das Ausgangssignal des Sensors infolge einer sprunghaften Änderung der Messgröße auf seinen Endwert ansteigt) erhöhen würde.

Setzt man voraus, dass das verwendete Signalaufbereitungsgerät (also entweder der Ladungsverstärker oder der Kuppler) eine ausreichend hohe obere Grenzfrequenz hat, sind für die Qualität der Wiedergabe von Schockpulsen vor allem die Eigen- und die Überschwingfrequenz des Sensors maßgebend. Dies steht im Gegensatz zur Vibrationsmessung, bei der die Eigenfrequenz des Sensors die obere Grenzfrequenz bestimmt.

**Nullpunktverschiebung**

Schocksensoren können nach einer Messung manchmal eine Nullpunktverschiebung aufweisen. Dieses Problem ist vor allem bei Sensoren mit einem piezoelektrischen Keramikelement zu beobachten, es tritt aber auch bei Sensoren mit einem Messelement aus Quarz auf. Ursache für die Nullpunktverschiebung ist meist eine geringe Veränderung der inneren Spannungen der vorgespannten Teile, die aus der schockartigen Belastung resultiert. Durch eine geeignete Konstruktion sowie eine hohe Bearbeitungsgenauigkeit kann dieser Effekt jedoch in tragbaren Grenzen gehalten werden.

## Beschleunigungssensoren für Messungen bei hohen Temperaturen

**Sensormaterialien**

Für Beschleunigungsmessungen bei Temperaturen über 250 °C werden sowohl Sensoren mit Messelementen aus Turmalin und Lithiumniobat als auch solche aus speziellen piezoelektrischen Hochtemperaturkeramiken (z. B. Bleimetaniobat) eingesetzt. Daneben kommen Kristalle zur Anwendung, die über ähnliche Eigenschaften wie Quarz, jedoch eine deutlich höhere Empfindlichkeit verfügen. Bei Vibrationsmessungen in einem Frequenzbereich über 10 kHz stellt der mit steigender Temperatur abnehmende Isolationswiderstand kein zu großes Hindernis dar, ebensowenig der pyroelektrische Effekt.

**Isolationsmaterialien**

Bei Temperaturen über 250 °C bilden organische Materialien wie PTFE Ausscheidungen, daher müssen Keramik, Glas oder ein Metalloxid als Isolationsmaterial verwendet werden. Da sich bei höheren Temperaturen auch die piezoelektrische Empfindlichkeit ändert, ist es erforderlich, solche Sensoren in speziellen Kalibriereinrichtungen bei der vorgesehenen Betriebstemperatur zu kalibrieren. Man setzt diese Sensoren, die für den Dauerbetrieb bis etwa 700 °C geeignet sind, z. B. für die Vibrationsüberwachung an Flugzeugtriebwerken und in Kernkraftwerken ein. Da der Isolationswiderstand sowohl von Turmalin als auch von Lithiumniobat bei dieser Temperatur nur noch etwa 50 kΩ beträgt, müssen Ladungsverstärker mit einer besonders angepassten Eingangsstufe verwendet werden. Als untere Grenzfrequenz werden bei diesen Temperaturen nur noch etwa 20 bis 50 Hz erreicht.

## Sensoren zur Messung von Dreh- und Winkelbeschleunigungen

Die bisher beschriebenen Beschleunigungssensoren messen lineare Beschleunigungen entlang ihrer empfindlichen Messachse. Für spezielle Untersuchungen ist es jedoch auch notwendig, Dreh- oder Winkelbeschleunigungen zu bestimmen – z. B. in der experimentellen Modalanalyse, bei der rotative Freiheitsgrade messtechnisch erfasst werden müssen, oder bei Crashversuchen, mit deren Hilfe man die Drehbewegung des Dummy-Kopfs während des Aufpralls untersucht, um die zu erwartenden Verletzungen der Halswirbelsäule abzuschätzen. Zur Lösung dieser Messprobleme werden Winkelbeschleunigungssensoren verwendet. Sie sind im Prinzip gleich aufgebaut wie die schubempfindlichen Beschleunigungssensoren (vgl. Abb. 29). Die durch die Drehbeschleunigung auf den beiden Quarzelementen erzeugten elektrischen Ladungssignale werden jedoch nicht parallel geschaltet, sondern durch einen im Sensor eingebauten Impedanzwandler zuerst in zwei Spannungssignale gewandelt und anschließend voneinander subtrahiert.

**Vergleich von Aufbau …**

**… und Signalverarbeitung**

## Kalibrierung von Beschleunigungssensoren

Die Kalibrierung piezoelektrischer Beschleunigungssensoren ist schwierig und sehr aufwändig. Das grundsätzliche Problem besteht darin, den zu prüfenden Sensor einer Beschleunigung auszusetzen, die genau bekannt ist. Die Anregung erfolgt entweder mit einem periodisch (meist sinusförmig) variierenden oder mit einem sprungförmigen Signal. Die Anregung mit einer konstanten Beschleunigung, wie sie z. B. mithilfe einer Zentrifuge erzeugt werden kann, ist zur Kalibrierung von piezoelektrischen Beschleunigungssensoren wenig geeignet, da Sensoren mit Quarzelementen statische Messungen nur eingeschränkt, Sensoren mit piezokeramischen Elementen eine solche Messung gar nicht durchführen können.

**Erzeugung definierter Beschleunigungen**

Um eine sinusförmig variierende Beschleunigung zu erzeugen, werden meist elektrodynamische Schwingungssysteme (so genannte Schwingtische, »Shaker« und Vibratoren) verwendet. Während sich die Frequenz der Schwingung ohne großen Aufwand sehr genau feststellen lässt, stößt man bei der Messung der Schwingungsamplitude auf Schwierigkeiten. Eine Möglichkeit bietet die Laserinterferometer-Methode, mit der sich der Messfehler bei der Amplitudenbestimmung im Frequenzbereich bis etwa 1 kHz auf ±0,3 % beschränken lässt. Da eine solche Messeinrichtung allerdings nur selten zur Verfügung steht, weicht man auf den Vergleich mit einem Beschleunigungswerksnormal aus, eine Methode die in den meisten Fällen angewendet wird. Das Werksnormal ist gegen ein Transfernormal kalibriert, welches seinerseits über eine laserinterferometrische Kalibrierung einem nationalen Normal angeschlossen ist. Mit elektrodynamischen Schwingungssystemen kann ein Frequenzbereich von etwa 20 Hz bis 10 kHz abgedeckt werden. Die Beschleunigungsamplitude beträgt normalerweise ±10 $g_n$, bestenfalls erreicht sie etwa ±50 $g_n$ bis ±100 $g_n$.

**Fallrohrmethode**

Eine weitere Methode zur Kalibrierung von Beschleunigungssensoren greift auf das so genannte Fallrohr zurück. Der Sensor wird auf eine in einem Rohr geführte Fallmasse geschraubt. Diese Masse fällt auf einen Kraftsensor. Da sich die Gesamtmasse $m$ durch Wiegen leicht bestimmen lässt, kann aus der gemessenen Aufprallkraft $F$ gemäß $a = F/m$ rechnerisch auf die Beschleunigung $a$ geschlossen werden. Mit dieser Vorrichtung werden Spitzenbeschleunigungen bis etwa 5000 $g_n$ erreicht, diese Methode kommt daher vor allem zur Überprüfung von Schocksensoren zum Einsatz. Die Dauer der Schockanregung kann dabei durch elastische Auflagen auf dem Kraftsensor beeinflusst werden.

**Hopkinsonstab-Methode**

Noch höhere Beschleunigungswerte bis zu 100 000 $g_n$ können mit der so genannten Hopkinsonstab-Methode erzeugt werden. Bei diesem Verfahren werden die Schockwellen durch einen langen, dünnen Stab gezielt auf den Beschleunigungssensor geleitet.

Winkelbeschleunigungssensoren werden rückverfolgbar auf speziellen Vorrichtungen kalibriert, welche um eine Achse absolut spielfrei rotieren können. Mit zwei linear messenden, rückverfolgbar kalibrierten Beschleunigungssensoren werden die Tangentialbeschleunigungen erfasst. Über den Abstand dieser beiden Sensoren zum Drehpunkt der Vorrichtung kann die Winkelbeschleunigung rechnerisch bestimmt und damit die Empfindlichkeit des zu kalibrierenden Winkelbeschleunigungssensors ermittelt werden.

# Verstärker für piezoelektrische Sensoren

**Umwandlung von Ladungen in Spannungen**

Die von einem piezoelektrischen Sensor erzeugte Ladung ist eine der Messung nur schwer zugängliche Größe. Dem Sensor wird daher eine Elektronik nachgeschaltet, die das Ladungssignal in ein Spannungssignal umwandelt, das der gemessenen physikalischen Größe proportional ist. Diese Umwandlung erfolgt entweder über einen Ladungsverstärker oder einen Impedanzwandler mit Kuppler. Bei den Ladungsverstärkern handelt es sich meist um separate Geräte, während Impedanzwandler häufig in den Sensor integriert sind.

## Ladungsverstärker

### Aufbau und Funktionsweise

Der Ladungsverstärker besteht im Wesentlichen aus einem invertierenden Spannungsverstärker mit hoher innerer Verstärkung und kapazitiver Gegenkopplung. Der Eingang ist mit einem MOSFET (Metal Oxide Semiconductor Field Effect Transistor) oder JFET (Junction Field Effect Transistor) bestückt, um den nötigen hohen Isolationswiderstand und einen möglichst geringen Leckstrom sicherzustellen.

**Integration über die Eingangsströme**

Der Verstärker wirkt als Integrator für die Eingangsströme bzw. Ladungsänderungen, die durch Belastungsänderungen am Sensor erzeugt werden. Durch die kapazitive Gegenkopplung wird die Ladung des piezoelektrischen Sensors durch eine Ladung gleicher Größe, aber umgekehrten Vorzeichens kompensiert. Über dem Bereichskondensator $C_r$ entsteht dadurch ein Spannungssignal $U_o$, das der Gesamtbelastung des Sensors proportional ist und sich problemlos weiterverarbeiten

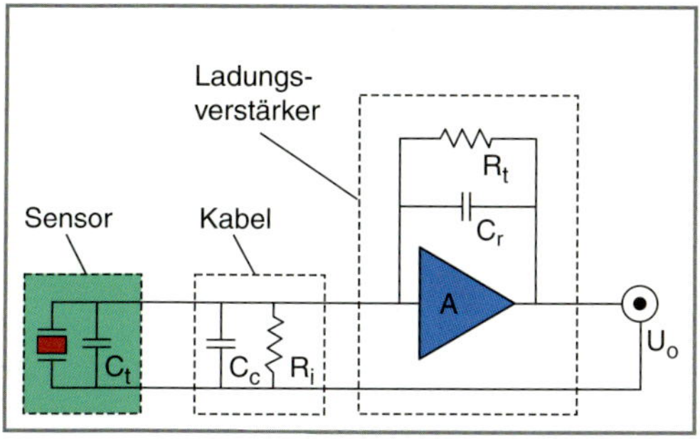


*Abb. 32: Prinzipschaltbild eines Sensors mit nachgeschaltetem Ladungsverstärker*

lässt. Abbildung 32 zeigt die vereinfachte Schaltung des Ladungsverstärkers.

**Größe der Ausgangsspannung**

Lässt man den Einfluss der beiden Widerstände $R_t$ (Zeitkonstantenwiderstand) und $R_i$ (Isolationswiderstand) zunächst unberücksichtigt, ergibt sich anhand des Schaltbilds zwischen der Ausgangsspannung $U_o$ und der erzeugten Ladung $Q$ der folgende Zusammenhang:

$$U_o = \frac{-Q}{C_r} \cdot \frac{1}{1 + \frac{1}{A \cdot C_r} \quad (C_t + C_r + C_c)}$$

mit $U_o$: Ausgangsspannung
$C_r$: Kapazität des Bereichskondensators
$C_t$: Sensorkapazität
$C_c$: Kabelkapazität
$A$: innere Verstärkung

**Annahme: hohe innere Verstärkung**

Bei ausreichend hoher innerer Verstärkung $A$ wird der Quotient $1/AC_r \approx 0$, d. h., Kabel- und Sensorkapazität verlieren ihren Einfluss und die Ausgangsspannung hängt gemäß

$$U_o = \frac{-Q}{C_r}$$

nur von der Ladung am Eingang und der Kapazität des Bereichskondensators ab.

### Zeitkonstante und Drift

**Entladeverhalten des Bereichskondensators**

Zwei für die Praxis wichtige Kenngrößen eines Ladungsverstärkers sind die Zeitkonstante und die Drift. Die *Zeitkonstante* $\tau$ charakterisiert das Entladeverhalten des Bereichskondensators $C_r$; sie gibt an, nach welcher Zeit die Spannung an diesem Kondensator auf etwa 37 % des Anfangswerts abgesunken ist. Grafisch lässt sie sich aus dem Schnittpunkt der Anfangstangente der Entladekurve des Kondensators mit der Zeitachse ermitteln. Rechnerisch wird ihre Größe durch das Produkt der Kapazität $C_r$ und des Zeitkonstantenwiderstands $R_t$ bestimmt:

$$\tau = R_t \cdot C_r$$

Um quasistatische Messungen durchführen zu können, wählt man den Widerstand $R_t$ und damit die Zeitkonstante $\tau$ sehr groß; in der Praxis wird dem Bereichskondensator in diesem Fall kein Widerstand parallel geschaltet (Einstellung *Long*). Bei vielen Ladungsverstärkern kann darüber hinaus durch Zuschalten entsprechender Zeitkonstantenwiderstände $R_t$ auch eine mittlere (Einstellung *Medium*) oder kurze Zeitkonstante (Einstellung *Short*) gewählt werden. Diese Einstellungen ergeben eine AC-Kopplung, d. h., der Verstärker wirkt dann als Hochpassfilter. Die Zeitkonstante bestimmt in diesem Fall die untere Grenzfrequenz $f_u$:

**Verstärker als Hochpassfilter**

$$f_u = \frac{1}{2\pi\tau}$$

Die untere Grenzfrequenz ist definiert durch die Amplitudenabschwächung, die für sinusförmige Signale 3 dB (etwa 30 %) beträgt. Allerdings ist zu beachten, dass sich $f_u$ beim Umschalten auf einen anderen Messbereich ändert. Angaben über die einstellbaren Zeitkonstanten und die entsprechenden unteren Grenzfrequenzen finden sich in den Betriebsanleitungen.

**Wahl der Zeitkonstanten**

Die kurzen Zeitkonstanten werden für dynamische Messungen gewählt, wenn also beispielsweise die bei Vibrationen auftretenden Beschleunigungen ermittelt werden sollen. Ändert sich die zu messende physikalische Größe nur langsam, müssen die Zeitkonstanten *Medium* oder *Long* gewählt werden, je nachdem, welche Signalabschwächung akzeptabel ist.

Am leichtesten verständlich wird das Verhalten eines Ladungsverstärkers durch den Vergleich mit dem Kathodenstrahloszilloskop: Die Einstellungen *Medium* und *Short* entsprechen der AC-Kopplung, während die Einstellung *Long* der DC-Kopplung entspricht – mit der Einschränkung, dass Drift auftritt.

**Unerwünschte Änderung des Ausgangssignals**

Als *Drift* bezeichnet man eine unerwünschte Änderung im Ausgangssignal, die bei einer Messung über einen längeren Zeitraum auftritt. Diese Änderung ist allerdings nicht von der Messgröße abhängig, sondern wird von Leckströmen verursacht, die durch Differenzspannungen am Eingang des Ladungsverstärkers entstehen und selbst bei den besten MOSFETs und JFETs auftreten (MOSFET: $I_l < 10$ fA, JFET: $I_l < 100$ fA). Ein zu geringer Isolationswiderstand $R_i$ am Eingang kann diesen Effekt verstärken. Solange der Isolationswiderstand im Gegenkopplungskreis ausreichend groß ist (> 10 TΩ) und kein zusätzlicher Zeitkonstantenwiderstand $R_t$ parallel geschaltet ist, driftet der Ladungsverstärker nur langsam in die positive oder negative Begrenzung (MOSFET: ±0,03 pC/s, JFET: ±0,3 pC/s). Diese Drift, die unabhängig vom gewählten Messbereich ist, bestimmt daher auch die mögliche Dauer quasistatischer Messungen.

**Begrenzung der Messdauer**

## Frequenz- und Zeitbereich

Wie bereits im vorhergehenden Abschnitt angesprochen, beeinflusst die Zeitkonstante neben dem Zeit- auch den Frequenzbereich. Sie

**Amplituden- und Phasenverhalten**

bewirkt, dass der Ladungsverstärker wie ein Hochpassfilter arbeitet, der durch folgendes Amplituden- und Phasenverhalten gekennzeichnet ist:

$$\frac{U_o}{U_{in}} = \frac{1}{\sqrt{1+[2\pi f\tau]^2}}$$

$$\Delta\varphi = \text{arc tan } \frac{1}{2\pi f\tau} \approx 80 \sqrt{\frac{U_{in} - U_o}{U_{in}}}$$

mit $U_o$: Ausgangsspannung
$U_{in}$: Eingangsspannung

Die Amplitude eines sinusförmigen Signals sinkt beispielsweise um 5 %, wenn $f \cdot \tau = 0{,}5$. Die Phasenverschiebung beträgt dann 18°.
Bei der Messung großer Pulsbreiten (oder mehrerer Pulse) sollte die Zeitkonstante mindestens 100-mal länger sein als die Messung, weil sonst der DC-Anteil des Ausgangssignals vor der Beendigung der Messung zu stark gegen Null abfällt. Noch besser ist es, für Schockmessungen, wie sie zum Beispiel an Stanzmaschinen oder Pressen durchgeführt werden, die Zeitkonstante *Long* zu verwenden.

## Impedanzwandler

**Integrierte Lösung oder separates Gerät**

Sensoren mit Ladungsausgang kann anstelle eines Ladungsverstärkers ein Impedanzwandler nachgeschaltet werden, bei dem es sich in diesem Fall um ein separates Gerät handelt. Wird der Impedanzwandler in miniaturisierter Form in den Sensor eingebaut, spricht man von Sensoren mit Spannungsausgang.

### Sensoren mit Spannungsausgang

Für Sensoren, in die der Impedanzwandler bereits integriert ist, werden die gleichen piezoelektrischen Messelemente verwendet wie für Sensoren mit Ladungsausgang.

**Schaltungsaufbau**

Die Impedanzwandlerschaltung besteht aus einem MOSFET mit hohem Isolationswiderstand ($R_i$ > 100 TΩ) und geringem Leckstrom ($I_l$ = 100 fA) am Eingang, und einem bipolaren Transistor (Verstärkung $A = 1$) mit kleinem Ausgangswiderstand ($R_a \approx$ 100 Ω). Sie funktioniert als Elektrometerverstärker. Die Schaltung wird mit einem konstanten Strom gespeist; ist das Eingangssignal gleich Null, entsteht über dem Sensorausgang die so genannte Ruhespannung.

Die Ausgangsruhespannung ist das Produkt aus dem konstanten Speisestrom und dem inneren Widerstand der Sensorschaltung. Die Empfindlichkeit $E$ eines piezoelektrischen Sensors mit Spannungsausgang beträgt näherungsweise:

$$E = \frac{\Delta U_o}{\Delta Q} \approx \frac{1}{C_t + C_r + C_g}$$

Der Bereichskondensator $C_r$ wird so gewählt, dass man die gewünschte Größenordnung der Spannungsempfindlichkeit in mV pro mechanische Einheit erhält. Der Zeitkonstantenwiderstand $R_t$ bestimmt zusammen mit der gesamten Kapazität am Eingang die untere Grenzfrequenz, während die obere Grenzfrequenz von der Eigenfrequenz des Sensors abhängt.

**Widerstandsänderung am Ausgang**

Wirkt auf den Sensor eine Belastung, erzeugt die vom Messelement abgegebene elektrische Ladung am Kondensator eine Spannung, die in eine dazu proportionale Widerstandsänderung am Ausgang umgewandelt wird. Da der Speisestrom konstant bleibt, ändert sich die Spannung proportional zur Messgröße. Ein solcher Sensor verhält sich also wie ein elektrischer Widerstand, der seinen Wert abhängig von der Messgröße ändert.

**Verbreiteter Standard**

Die beschriebene Schaltung hat sich rasch zu einem weit verbreiteten Standard bei Beschleunigungssensoren entwickelt. Sensoren mit Spannungsausgang (auch als niederimpedante Sensoren bezeichnet), werden von einer Reihe von Herstellern angeboten.

### Sensoren mit Ladungsausgang und externem Impedanzwandler

Bei Sensoren, die über einen Ladungsausgang verfügen, kann ein externer Impedanzwandler an die Stelle eines Ladungsverstärkers treten.

**Vorteile dieser Lösung**

Dieser Aufbau wird oft dann gewählt, wenn man den großen nutzbaren Temperaturbereich eines Sensors mit Ladungsausgang mit der einfachen und kostengünstigen Signalaufbereitung durch einen Kuppler kombinieren will.

Der externe Impedanzwandler basiert auf der gleichen elektrischen Schaltung wie in den zuvor besprochenen Sensoren mit Spannungsausgang. Der einzige Unterschied besteht darin, dass bei Verwendung des externen Geräts neben der Sensorkapazität $C_t$ auch die Kapazität des Verbindungskabels vom Sensor zum Impedanzwandler $C_c$ in die Gesamtkapazität $C_s$ des Systems eingeht. Mit der Formel

$$U = \frac{Q}{C_s}$$

ist zu überprüfen, wie hoch die resultierende Spannung wird. Gegebenenfalls muss ein zusätzlicher Kondensator zwischen den Sensor und den Impedanzwandler geschaltet werden.

### Kuppler

Sensoren mit integriertem oder externem Impedanzwandler benötigen zur Aufbereitung des Signals zusätzlich noch einen Kuppler.

**Speisung des Sensors …**

Dieser hat die Aufgabe, den Sensor mit einem Konstantstrom zu speisen und das Messsignal von der Ausgangsruhespannung zu entkoppeln. Um den vollen Bereich des Sensors ausnutzen zu können, muss die Speisespannung für den Kuppler ausreichend hoch sein.

**… und Entkopplung des Messsignals**

Es empfiehlt sich daher, abgestimmte Kuppler zu verwenden, denn extreme Werte des Speisestroms (z. B. 20 mA) und eine zu tiefe Speisespannung (z. B. 18 VDC) können den nutzbaren Betriebstemperaturbereich oder den Messbereich des Sensors einschränken.

Der Kuppler enthält eine Stromdiode, welche den Speisestrom konstant hält (je nach Sensortyp liegt dieser im Bereich zwischen 2 und 18 mA), und einen Kondensator, der die Ruhespannung vom Messsignal entkoppelt. Eine zusätzliche Diode schützt die Sensorschaltung vor falscher Polarität der Versorgungsspannung (20 bis 30 VDC) des Kupplers. Sensor und Kuppler können durch ein gewöhnliches, fast beliebig langes zweiadriges Kabel verbunden sein. Da der Widerstand in diesem Kreis sehr gering ist (er beträgt etwa 100 Ω), werden solche Sensoren auch als »niederimpedant« bezeichnet. Dieses System ist praktisch unempfindlich gegen den Einfluss elektrischer und magnetischer Störfelder.

**Unempfindlich gegen Störungen**

## Zeitkonstante

Die Zeitkonstante eines Sensors mit Spannungsausgang wird durch die Kapazität $C_t$ des Sensors selbst, die Kapazität des Bereichskondensators $C_r$ sowie die Eingangskapazität des MOSFETs $C_g$ bestimmt; es gilt:

$$\tau = R_t \cdot (C_t + C_r + C_g)$$

Bei Sensoren mit externem Impedanzwandler muss zusätzlich die Kabelkapazität $C_c$ berücksichtigt werden. Der Einfluss von $\tau$ auf das Zeitverhalten des Sensors ist hier der gleiche wie bei den Ladungsverstärkern, d. h., auch sie wirken als einpolige Hochpassfilter.

**Einfluss der Kabelkapazität**

**Zeitkonstante und untere Grenzfrequenz**
Bei der *DC-Entkopplung* wird die Zeitkonstante des Sensors nicht beeinflusst, sodass seine untere Grenzfrequenz voll ausgenutzt werden kann. Mit einer DC-Kompensation im Kuppler kann die Ausgangsruhespannung auf Null gesetzt werden. Die *AC-Entkopplung* hingegen kann die Zeitkonstante des Messsystems verkürzen und die untere Grenzfrequenz nach oben verschieben. Die Systemzeitkonstante entspricht etwa dem Produkt von Sensor- und Kupplerzeitkonstante geteilt durch deren Summe. Daraus lässt sich die resultierende untere Grenzfrequenz abschätzen.

## Grenzen von Messdauer und Messfrequenzen bei quasistatischen Messungen

*Abb. 33: Maximale Messdauer $t_m$ und minimale Messfrequenz $f_m$ in Abhängigkeit der Gegenkopplungskapazität $C_g$*

Die Betrachtungen über die Grenzwerte der Messdauer und der Messfrequenz bei quasistatischen Messungen schließen die Bestimmung

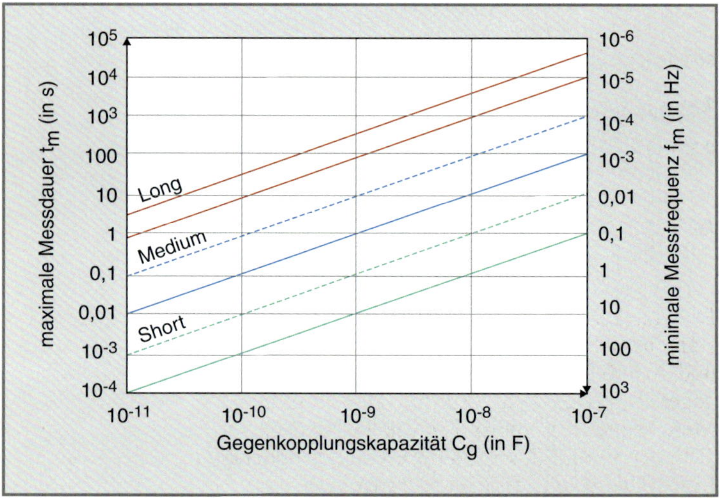

der zulässigen maximalen Messdauer und der minimalen Messfrequenz in Abhängigkeit der Gegenkopplungskapazität (Bereichskondensator) mit ein. Anhand des in Abbildung 33 dargestellten Diagramms kann man beurteilen, welche Einstellungen sich zur Lösung eines piezoelektrischen Messproblems anbieten.

**Geeignete Einstellungen**

Aus der nachfolgenden Formel lässt sich die Messfrequenz $f_m$ bestimmen, bei der das Ausgangssignal des Ladungsverstärkers, bedingt durch dessen Hochpassverhalten, um einen bestimmten Faktor $K$ abgesunken ist. Aus der Gleichung

$$K(f) = \frac{1}{\sqrt{1 + \left(\frac{f_u}{f}\right)^2}}$$

und den Beziehungen für die untere Grenzfrequenz

$$f_u = \frac{1}{2\pi\tau}$$

sowie die Zeitkonstante

$$\tau = R_g \cdot C_g$$

ergibt sich:

$$f_m = \frac{1}{C_g} \cdot \frac{K}{2\pi R_g \sqrt{1 - K^2}} = f_u \cdot \frac{K}{\sqrt{1 - K^2}}$$

Die maximale Messdauer $t_m$ für die Zeitkonstantenwiderstände $R_g = 10^{14}, 10^{13}, 10^{11}, 10^9\ \Omega$ und $K = 0{,}99$ ist im Diagramm durch ausgezogene Linien dargestellt. Die minimale Messfrequenz $f_m$ wird für die Größen $R_g = 10^{11}, 10^9\ \Omega$ und $K = 0{,}99$ durch unterbrochene Linien dargestellt. Bei $K = 0{,}99$ ist $f_m \approx 7\ f_u$.

Um aus diesem Diagramm die gewünschten Größen ermitteln zu können, muss die Kapazität des jeweils eingestellten Bereichskondensators $C_g$ bekannt sein. Es gilt die Beziehung:

$$C_g = -E \cdot S \cdot (10/T)$$

mit *E:* Empfindlichkeit des Sensors
*S:* Maßstabseinstellung
*T:* eingestellte Zahlenfolge für die Empfindlichkeit des Sensors

Folgendes Beispiel soll das beschriebene Verfahren veranschaulichen. Vorgegeben seien:

- die Empfindlichkeit des Kraftsensors: $E = -16$ pC/N
- die zu messende Last: $F = 100$ N
- die Maßstabseinstellung: $S = 10$ N/V
- die Zeitkonstante: Einstellung *Medium* ($R_g = 10^{11}\ \Omega$)

Nach obiger Gleichung ergibt sich daraus die Kapazität des Bereichskondensators $C_g$ zu:

$$C_g = 16 \text{ pC/N} \cdot 10 \text{ N/V} \cdot (10/1{,}60) = 1000 \text{ pF}$$

Das Diagramm liefert für die Einstellung *Medium* eine maximale Messdauer $t_m \approx 1$ s und eine minimale Messfrequenz $f_m \approx 0{,}01$ Hz. In diesem Beispiel beträgt die Ausgangsspannung 10 V bei $F = 10$ N.

*Abb. 34: Labor-Ladungsverstärker*

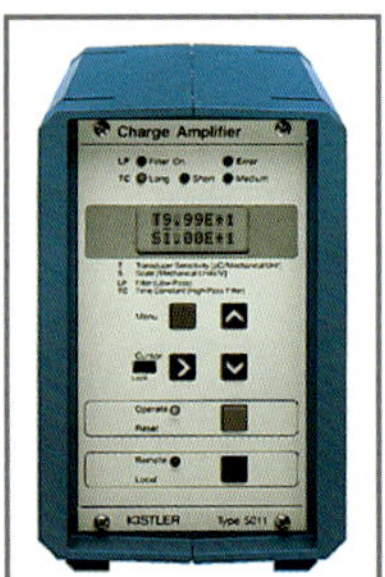


Ladungsverstärker sind in den unterschiedlichsten Bauformen verfügbar. Komfortable Labor-Ladungsverstärker mit PC-Schnittstellen und wählbaren Einstellungen werden in Versuchsanlagen eingesetzt – hier ist höchstmögliche Flexibilität gefordert (Abb. 34). Für Produktionsanlagen empfehlen sich hingegen Industrie-Ladungsverstärker (auch mehrkanalig erhältlich), die entweder ab Werk oder vom Anwender vor Ort auf den jeweiligen Sensor fest abgestimmt werden (Abb. 35). Durch ihre me-

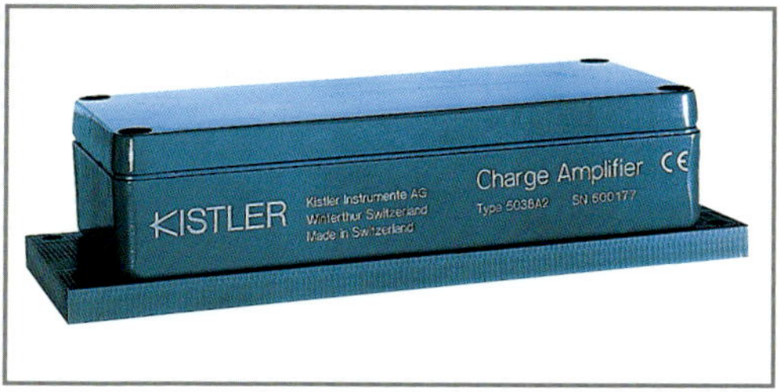


*Abb. 35: Industrie-Ladungsverstärker*

chanische und elektrische Robustheit sowie die miniaturisierte Ausführung sind sie speziell für diese Anwendung geeignet. Auswertegeräte mit weiterführenden Funktionen

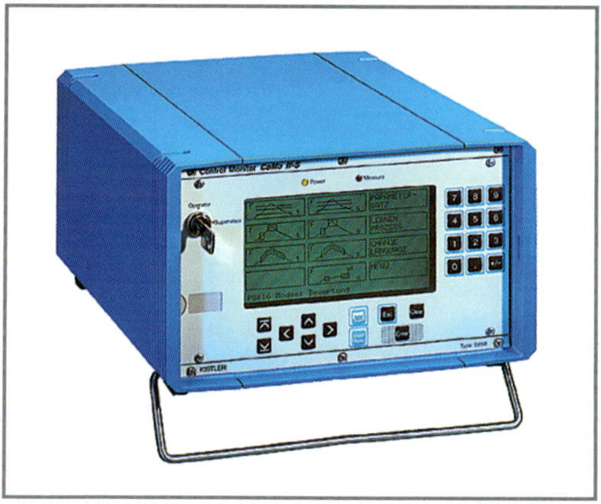

*Abb. 36: Ladungsverstärker mit Auswerte- und Steuerelektronik*

(Abb. 36) enthalten ebenfalls einen Ladungsverstärker, verfügen aber über zusätzliche Auswertemöglichkeiten, die von der einfachen Maximalwert-Überwachung bis zu komplexen Bewertungen des Signalverlaufs reichen und eine Qualitätskontrolle vor Ort ermöglichen.

# Fachbegriffe

* **Ansprechschwelle** Kleinste Änderung der Messgröße, welche eine messbare Änderung des Ausgangssignals verursacht.

* **Anstiegszeit** Zeit, welche das Ausgangssignal eines Sensors benötigt, um als Folge einer sprunghaften Änderung der Messgröße von 10 auf 90 % seines Endwerts anzusteigen.

**Ausgangsruhespannung** DC-Ausgangssignal eines Sensors mit Spannungsausgang, welcher mit Konstantstrom gespeist wird, bei der Messgröße Null.

**Beschleunigungsempfindlichkeit** Durch Beschleunigung (Schock oder Vibration) verursachtes, unerwünschtes Ausgangssignal bei Druck- und Kraftsensoren.

* **Drift** Unerwünschte Änderung im Ausgangssignal über längere Zeit, wobei diese Änderung keine Funktion der Messgröße, sondern des Ladungsverstärkers ist.

* **Eigenfrequenz** Die Frequenz freier (nicht erzwungener) Schwingungen des Sensorelements eines vollständig zusammengebauten Sensors.

* **Empfindlichkeit** Verhältnis der Änderung des Ausgangssignals zu einer Änderung der Messgröße. Wird meist in pC oder mV pro mechanische Einheit angegeben.

* **Hysterese** Größte Differenz im Ausgangssignal bei einem beliebigen Messgrößenwert innerhalb des Bereichs eines Sensors, wenn dieser Wert zuerst mit zunehmender und dann mit abnehmender Messgröße erreicht wird.

**Impedanzwandler** Schaltung mit MOSFET-Eingang, welche nach dem Elektrometerprinzip die von einem piezoelektrischen Sensor abgegebene elektrische Ladung in eine proportionale Spannung umwandelt.

* **Isolationswiderstand** Der zwischen angegebenen, isolierten Teilen eines Sensors gemessene elektrische Widerstand.

**Konstantstromspeisung** Diese Art, Sensoren mit Spannungsausgang zu speisen, gewährleistet geringste Empfindlichkeitsänderungen über einen weiten Speisespannungsbereich.

**Kuppler** Gerät, das einen Sensor mit Spannungsausgang mit einem konstanten Strom speist und das Messsignal von der Ausgangsruhespannung entkoppelt.

**Ladungsverstärker** Kapazitiv gegengekoppelter Gleichspannungsverstärker, der die von einem piezoelektrischen Sensor abgegebene elektrische Ladung in eine dazu proportionale Spannung umwandelt.

* **Linearität** Abweichung einer Kalibrierkurve von einer spezifizierten Geraden. Oft wird die »beste Gerade mit Zwangsnullpunkt« verwendet. Die »beste Gerade« ist die Mittellinie zweier paralleler Geraden, die möglichst nahe beieinander liegen

und alle Punkte einer Kalibrierkurve einschließen. Sie muss zudem durch den Nullpunkt (Messgröße Null, Ausgangssignal Null) verlaufen. Die Steigung dieser Mittelparallele gibt die → **Empfindlichkeit** des Sensors an. Linearität (maximale positive bzw. negative Abweichung der Kalibrierkurve von der besten Geraden) wird in Prozent des Vollbereichsignals (FSO; engl. »Full Scale Output«) angegeben.

**Mehrkomponenten-Kraftsensor** Sensor (mit Quarzelementen für Druck- und Schubkräfte), mit dem gleichzeitig die drei orthogonalen Komponenten einer wirkenden Kraft und – bei Verwendung von drei oder vier Sensoren – auch die drei Komponenten des resultierenden Momentenvektors gemessen werden können.

**Piezoelektrischer Sensor** Sensor mit einem Messelement aus piezoelektrischem Material, das bei mechanischer Belastung eine elektrische Ladung abgibt.

**Quasistatische Messung** Sensoren mit Ladungsausgang können, in Verbindung mit Ladungsverstärkern, während einer beschränkten Zeit »wie statisch« (engl. »near DC«) messen. Diese Möglichkeit wird vor allem bei Kraft- und Drucksensoren, seltener bei Beschleunigungssensoren genutzt.

* **Resonanzfrequenz** Diejenige Frequenz der Messgröße, bei der der Sensor das Ausgangssignal mit der größten Amplitude abgibt.

* **Seitenempfindlichkeit** Die Empfindlichkeit eines Sensors senkrecht zu seiner empfindlichen Achse. Bei mehrachsig messenden Sensoren ist der Begriff → **Übersprechen** zweckmäßiger.

**Tiefpassfilter** Elektrische Schaltung, welche nur Signale bis zu einer bestimmten oberen Grenzfrequenz durchlässt. Als obere Grenzfrequenz wird die Frequenz bezeichnet, bei der die Signalamplitude um 3 dB abgeschwächt ist.

**Übersprechen** Signal am Ausgang eines Sensors, das durch eine andere als die diesem Ausgang zugeordnete und auf den Sensor wirkende Messgröße verursacht wird. Ist bei dreiachsigen Beschleunigungssensoren und vor allem Mehrkomponenten-Kraftsensoren von Bedeutung.

**Zeitkonstante** Diese Größe gibt an, nach welcher Zeit die an einem Kondensator anliegende Spannung auf etwa 37 % des Ausgangswerts abgesunken ist. Rechnerisch ergibt sich die Zeitkonstante $\tau$ aus dem Produkt der Kondensatorkapazität $C$ und dem parallel geschalteten Widerstand $R$, grafisch lässt sie sich aus dem Schnittpunkt der Anfangstangente der Entladekurve mit der Zeitachse ermitteln.

(Mit * gekennzeichnete Fachbegriffe sind nach ANSI/ISA 37.1-1975(R1982) definiert.)

# Literaturverzeichnis

[1] Potts, G. R.; Knuth, E. F.: *Dynamic Force Measurements (DFMS) for Tires.* Proceedings SAE 2001 World Congress, Detroit

[2] Bill, B.; Engeler, P.; Gossweiler, C.: *Inertia Compensated Force and Pressure Sensors.* Proceedings Sensor 2001, Nürnberg

[3] Bill, B.: *Massenträgheitskompensierte Kraftmessungen.* Sensoren und Messsysteme 2000, VDI Berichte Nr. 1530, VDI-Verlag, Ludwigsburg, 2000

[4] Kumme, R.: *Untersuchung eines direkten Verfahrens zur dynamischen Kalibrierung von Kraftmessgeräten – ein Beitrag zur Verringerung der Messunsicherheit.* Dissertation, TU Braunschweig, 1996

[5] Kumme, R.; Mack, O.; Bill, B.; Haab, H. R.; Gossweiler, C.: *Investigation of Piezoelectric Force Measuring Devices in Force Calibration and Force Standard Machines.* Proceedings 17th IMEKO TC3 Conference, Istanbul, 2001